U0266240

河长制的
实践与探索

张军红　侯　新　著

黄河水利出版社

·郑州·

内 容 提 要

2016 年 12 月,中共中央办公厅、国务院办公厅印发了《关于全面推行河长制的意见》,要求各地到 2018 年年底前全面建立河长制。为推进我国河长制工作的顺利开展,促进我国水资源保护、水域岸线管理、水污染防治、水环境治理等工作,本书对国内浙江、江苏、山东、北京等 10 多个省市在推行"河长制"方面的经验进行了详细调研和总结,同时结合国外河流治理的经验,对我国正在全面实施的河长制工作提出了合理建议。

本书可供从事水资源规划与管理、河道管理的工作人员及高等院校水利、环境类专业教师、学生学习参考。

图书在版编目(CIP)数据

河长制的实践与探索/张军红,侯新著. —郑州:黄河水利出版社,2017.9

ISBN 978 - 7 - 5509 - 1840 - 5

Ⅰ.①河… Ⅱ.①张… ②侯… Ⅲ.①河道整治 - 研究 - 中国 Ⅳ.①TV882

中国版本图书馆 CIP 数据核字(2017)第 222079 号

组稿编辑:王路平 电话:0371-66022212 E-mail:hhslwlp@163.com

出 版 社:黄河水利出版社 网址:www.yrcp.com

地址:河南省郑州市顺河路黄委会综合楼 14 层 邮政编码:450003

发行单位:黄河水利出版社

发行部电话:0371-66026940、66020550、66028024、66022620(传真)

E-mail:hhslcbs@126.com

承印单位:河南承创印务有限公司

开本:787 mm×1 092 mm 1/16

印张:8.75

字数:200 千字 印数:1—1 000

版次:2017 年 9 月第 1 版 印次:2017 年 9 月第 1 次印刷

定价:26.00 元

前　言

　　水是生命之源、生产之要、生态之基。兴水利、除水害，事关人类生存、社会进步，历来是治国安邦的大事。当前我国水资源面临的形势十分严峻，水资源短缺、水污染严重、水生态环境恶化等问题十分严峻，已成为制约经济社会可持续发展的主要瓶颈，引起了社会各界的高度重视。

　　"生态兴则文明兴，生态衰则文明衰"。党的十八大报告将生态文明建设提到了前所未有的战略高度。2015 年，习近平总书记提出了"节水优先、空间均衡、系统治理、两手发力"的新时期治水方针；为更好地促进水资源保护、水域岸线管理、水污染防治、水环境治理等工作，中共中央办公厅、国务院办公厅于 2016 年 12 月印发了《关于全面推行河长制的意见》，要求各地于 2018 年年底前全面建立河长制。

　　河长制起源于 2007 年的太湖水污染事件。2007 年太湖大面积蓝藻爆发，引发了江苏省无锡市的水危机。当地政府认识到，水质恶化导致的蓝藻爆发，问题表现在水里，根子在岸上。解决这些问题，不仅要在水上下功夫，更要在岸上下功夫；不仅要本地区治污，更要统筹河流上下游、左右岸联防联治；不仅要靠水利、环保、城建等部门切实履行职责，更需要党政主导、部门联动、社会参与。2007 年 8 月，无锡市在中国率先实行河长制，由各级党政负责人分别担任 64 条河道的河长，加强污染物源头治理，负责督办河道水质改善工作。河长制实施后效果明显，无锡境内水功能区水质达标率从 2007 年的 7.1% 提高到 2015 年的 44.4%，太湖水质也显著改善。随后河长制先后在太湖流域和江苏省全面实施。河长制在江苏生根后，浙江、安徽、广东、山东、福建等省陆续开展河长制试点工作，并取得了显著成效。

　　当前河长制正在我国各地全面实施，为促进我国河长制工作的顺利开展，项目组立足重庆、面向全国，对我国各地已实施的河长制现状进行深入调研，总结成功的经验和推行过程中遇到的问题，同时研究分析了国外河流治理方面的经验教训，结合我国的实际情况，为正在全面实施的河长制工作提出科学、合理的建议，进而促进我国水资源保护、水域岸线管理、水污染防治、水环境改善和水生态修复等工作。

　　本书由张军红、侯新撰写。本书编写过程中，得到了重庆市水利局科技项目"重庆市河道管护体制机制创新试点"（16c2120）、重庆市教委青年骨干教师资助计划"渝东北生态涵养区典型植被群落生态效应研究"（2016054）、重庆水利电力职业技术学院人才引进及高层次人才科研项目"重庆市山洪沟灾害防治关键技术研究"（KRC201703）的支持和资助。重庆市水利局河道管理处和水资源处、重庆市水利学会、重庆水利电力职业技术学院三水＋科技创新中心、重庆市水资源科学研究所及重庆市各区县水务（水利）局的领导和专家们对本书的资料收集与编写工作给予了大力支持；项目组成员蔡文良、程得中、舒

乔生、冯耀龙、徐义萍、王凯、张明钱、熊鹰、孙华、王春燕、石喜梅、吴明洋、陈红等在调研和资料收集方面做了大量工作,在此一并致谢!

本书是一次全新的尝试,涉及面广,相关理论与实践在不断探索和完善中。本书的出版旨在探索、总结河长制的经验,为从事河长制管理工作者、科研人员及热爱水利、水生态、水环境保护的读者提供参考。

由于作者水平所限,书中难免存在缺点和不妥之处,敬请读者批评指正。

作　者

2017 年 7 月

目 录

前 言

第一章 中国水资源现状及面临的问题 …………………………………… (1)

    第一节 水资源概况 ……………………………………………………… (1)

    第二节 中国水资源现状、面临的问题及水资源安全对策 ………… (4)

第二章 河长制出台的背景 ………………………………………………… (14)

    第一节 中国水环境治理历程 ………………………………………… (14)

    第二节 河长制出台的历程 …………………………………………… (16)

第三章 河长制的内涵与要求 ……………………………………………… (22)

    第一节 河长制的主要内容 …………………………………………… (22)

    第二节 推行河长制的意义 …………………………………………… (26)

    第三节 河长制的工作重点 …………………………………………… (28)

第四章 国内省市实施河长制的实践 ……………………………………… (30)

    第一节 浙江省杭州市实施河长制的实践 …………………………… (30)

    第二节 山东省烟台市实施河长制的实践 …………………………… (34)

    第三节 江苏省徐州市实施河长制的实践 …………………………… (37)

    第四节 北京市实施河长制的实践 …………………………………… (40)

    第五节 天津市实施河长制的实践 …………………………………… (42)

    第六节 贵州省遵义市实施河长制的实践 …………………………… (44)

    第七节 云南省昆明市实施河长制的实践 …………………………… (46)

    第八节 江西省实施河长制的实践 …………………………………… (49)

    第九节 湖南省实施河长制的实践 …………………………………… (52)

    第十节 安徽省肥西县实施河长制的实践 …………………………… (55)

    第十一节 福建省实施河长制的实践 ………………………………… (58)

    第十二节 广东省实施河长制的实践 ………………………………… (61)

    第十三节 海南省实施河长制的实践 ………………………………… (64)

    第十四节 四川省广元市实施河长制的实践 ………………………… (66)

第五章 流域管理机构实施河长制的实践 ………………………………… (72)

    第一节 太湖局实施河长制的实践 …………………………………… (72)

    第二节 长江委实施河长制的实践 …………………………………… (75)

    第三节 黄委实施河长制的实践 ……………………………………… (79)

第六章　国外河流治理的经验 ·················· （82）

　第一节　莱茵河治理经验 ····················· （82）

　第二节　多瑙河治理的实践与启示 ··············· （87）

　第三节　美国州际河流污染的合作治理模式 ·········· （94）

　第四节　湄公河的治理与开发 ·················· （102）

第七章　重庆市实施河长制的实践与探索 ·········· （110）

　第一节　重庆市实施河长制的探索 ··············· （110）

　第二节　重庆市实施河长制的主要内容 ············· （118）

第八章　结论与建议 ························ （127）

参考文献 ···························· （131）

第一章　中国水资源现状及面临的问题

第一节　水资源概况

一、水资源的概念

水是人类及一切生物赖以生存的不可缺少的重要物质,也是工农业生产、经济发展和环境改善不可替代的极为宝贵的自然资源。这是我们对于作为地球重要资源的水体的最基本的认识。随着水资源危机的加剧和水环境质量不断恶化,水资源短缺已演变成倍受世界各国关注的资源环境问题之一。

水资源(Water Resources)一词随着时代的进步,其内涵也在不断地丰富和发展。

较早采用这一概念的是美国地质调查局(USGS)。1894年,该局设立了水资源处,其主要业务范围是对地表河川径流和地下水进行观测。

《大不列颠大百科全书》将水资源解释为"全部自然界任何形态的水,包括气态水、液态水和固态水的总量"。这一解释为"水资源"赋予了十分广泛的含义。实际上,资源的本质特性就体现在其"可利用性"上。1963年英国的《水资源法》把水资源定义为"地球上具有足够数量的可用水"。在水环境污染并不突出的特定条件下,这一概念比《大不列颠大百科全书》的定义赋予水资源更为明确的含义,强调了其在量上的可利用性。

联合国教科文组织(UNESCO)和世界气象组织(WMO)共同制定的《水资源评价活动——国家评价手册》中,定义水资源为"可以利用或有可能被利用的水源,具有足够数量和可用的质量,并能在某一地点为满足某种用途而可被利用"。这一定义的核心主要包括两个方面,其一是应有足够的数量,其二是强调了水资源的质量。

在中国对水资源一词的理解也各有不同,具有一定权威性的《中国大百科全书》的不同卷中出现了不同解释。

在"大气科学·海洋科学·水文科学"中对水资源的定义是"地球表层可供人类利用的水"。

在"水利"卷中定义水资源为"自然界各种形态的天然水",并把可供人类利用的水作为"供评价的水资源"。

1988年8月1日施行的《中华人民共和国水法》将水资源认定为"地表水和地下水"。

《环境科学词典》(1994)定义水资源为"特定时空下可利用的水,是可再利用资源,不论其质与量,水的可利用性是有限制条件的"。

综上所述,水资源可以理解为人类长期生存、生活和生产活动中所需要的各种水,既

包括数量和质量含义,又包括其使用价值和经济价值。一般认为,水资源概念有广义和狭义之分。

（1）广义的水资源包括地球上的一切水体及水的其他存在形式,如海洋、河川、湖泊、地下水等。也可以说成是指能够直接和间接使用的水和水中物质,在社会生活和生产中具有使用价值和经济价值的水都可以称为水资源。

（2）狭义的水资源是指人类在一定的经济技术条件下能够直接使用的,可以逐年得到恢复、更新的淡水。

二、水资源的特性

水是自然界的重要组成物质,是环境中最活跃的要素之一。它不停地运动着,积极参与自然环境中一系列物理的、化学的和生物的作用过程,在改造自然的同时,也不断地改造自身的物理化学与生物化学特性。由此表现出水作为地球上重要自然资源所独有的性质特征。

（一）资源的循环性

水资源与其他固体资源的本质区别在于其所具有的流动性,它是在循环中形成的一种动态资源,具有循环性。水循环系统是一个庞大的天然水资源系统,处在不断地开采、补给、消耗和恢复的循环之中,可以不断地供给人类利用和满足生态平衡的需要。

（二）储量的有限性

全球水储量约 1.386×10^{18} m³,但其中参与全球水循环,逐年可以得到恢复和更新的淡水资源,即大气水、河川水、土壤水、湖泊淡水资源的总和仅为 1.225×10^{14} m³,还不到全球总水量的万分之一。这部分淡水与人类关系最为密切,具有可以被直接使用的价值,在较长时期内它可以保持平衡,然而在一定的时间和空间范围里,它的数量都是有限的,反映在某些地区在一定时间内水资源不足。

人类对森林的乱砍乱伐、破坏植被、盲目围湖造田等活动引起水土流失、水体缩小;气候变化导致水资源枯竭;不合理的污水排放导致水质恶化,严重污染的水体也减少了水资源的利用价值,这些都加重了水资源的有限性。

（三）时空分布的不均匀性

水资源在自然界中具有一定的时间和空间分布。时空分布的不均匀性是水资源的又一特性。全球水资源的分布表现为极不均匀性(见图 1-1),如大洋洲的径流模数为 51.0 L/($s \cdot km^2$),澳大利亚仅为 1.31 L/($s \cdot km^2$),亚洲为 10.51 L/($s \cdot km^2$),最高的和最低的相差数十倍。

（四）利用的多样性

水资源具有水量、水质和水能三个方面的可利用性,三者可兼容开发。如水可用来发电、作为城市与工业企业供水的水源、进行农业灌溉。水资源开发应贯彻综合利用、一水多用的原则,使水资源发挥最大的资源效益。

（五）利害的两重性

水资源与其他固体矿产资源相比,最大区别是水资源具有既可造福于人类,又可危害人类生存的两重性。

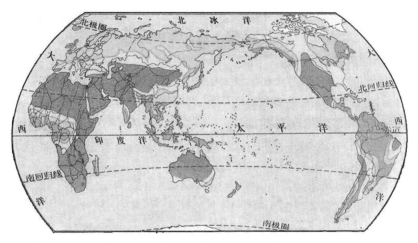

　淡水资源严重缺乏地区（年降水量小于年蒸发量400 mm以上）
　淡水资源缺乏地区（年降水量小于年蒸发量0~400 mm）
　淡水资源基本满足地区（年降水量大于年蒸发量0~400 mm）
　淡水资源丰富地区（年降水量大于年蒸发量400 mm）

图1-1　世界水资源分布图

（六）水资源是一种再生资源

自然界水体的水能不断地被开发使用，水质不断地被污染恶化，水量不断地被消耗，但水资源能不断地得到更替再生。也就是说，水资源具有可恢复性。

水分循环过程意味着各项水体的更替和再生，包括自身净化。例如全球大气水的总量为 1.29×10^{13} m³，多年平均降水量为 5.77×10^{14} m³，说明平均 0.022 5 年（约 8 天）更新一次；又如全球河川水总储量为 2.12×10^{12} m³，但全球流入海洋的年径流总量为 4.7×10^{13} m³，即平均 0.045 年（约 16.5 天）更新一次。

三、当今世界水资源存在的问题

自 20 世纪 70 年代以来，世界上最敏感的话题之一就是水资源问题。

1977 年，联合国召开世界水会议，把水资源问题提到全球的战略高度考虑。这次会议通过的"马德普拉塔行动计划（Mardel Plata Action Plan）"中指出：实现对水资源的加速开发并井井有条管理这样的目标，已成为努力改善人类经济和社会条件的关键因素，特别对于发展中国家更是如此。为了保障人类高质量的生活，增进人类的幸福，我们必须采取专门的并协调一致的行动，以谋求答案，并且把这种答案应用于国家和区域的水平上，不然就不能保证上述要求的实现。

但随着工农业的发展和人民生活的改善，水的供需矛盾越来越突出。在一些地方出现了水资源危机，水资源甚至成为了重要的政治问题。

1988 年世界环境与发展委员会（WCED）提出的一份报告中指出：水资源正在取代石油而成为在全世界引起危机的主要问题。

1991 年国际水资源协会（IWAR）在摩洛哥召开的第七届世界水资源大会上，进一步发出"在干旱或半干旱地区国际河流和其他水源地的使用权可能成为两国间战争的导火线"的警告。在中东地区充满火药味的不安定因素中,水资源的气息越来越浓,以致在中东地区和谈中水资源问题列为重要的谈判内容之一。

1992年在里约热内卢举行的联合国环境和发展大会上通过的《21世纪议程》是一个非常重要的文件,第18章命名为"保护淡水资源的质量和供应,水资源开发、管理和利用的综合办法",其中提到"淡水是一种有限资源,不仅为维持地球上一切生命所必需,且对一切社会经济部门都具有生死攸关的重要意义"。

有无数迹象表明,在人类社会的发展过程中,由于滥用并无节制地消耗自然资源,从而逐渐破坏了人类的生存环境,致使水资源问题日益突出。

全球水资源面临的问题:

(1)水量短缺严重,供需矛盾尖锐。

联合国在对世界范围内的水资源状况进行分析研究后发出警报:"世界缺水将严重制约21世纪经济发展,可能导致国家间冲突。"同时指出,全球已经有1/4的人口面临着因争夺足够的饮用水、灌溉用水和工业用水而展开的争斗。预测到2025年,全世界将有2/3的人口面临不同程度缺水的局面。

(2)水资源污染严重,水质型缺水突出。

随着经济社会的快速发展,排放到环境中的污水量日益增多。水源污染造成的"水质型缺水",加剧了水资源短缺的矛盾,加剧了居民生活用水的紧张和不安全性。1995年12月在曼谷召开的"水与发展"大会上,专家们指出:"世界上近10亿人口没有足够量的安全水源。"

第二节 中国水资源现状、面临的问题及水资源安全对策

一、中国水资源概况

(一)水资源数量

我国是一个水资源短缺、水旱灾害频繁的国家。如果按水资源总量考虑,水资源总量居世界第六位,但是我国人口众多,若按人均水资源量计算,人均占有量约为世界人均水量的1/4,在世界排第110位,被联合国列为13个贫水国家之一。

(二)水资源质量

水资源是水资源数量与水质的高度统一,在特定的区域内,可用水资源的多少并不完全取决于水资源数量,而且取决于水资源质量,质量的好坏直接关系到水资源的功能,决定着水资源用途。例如,优质矿泉水具有良好的水质,有多方面的功能,有较高的价值;与此相反,严重污染的污水不仅没有任何使用价值,而且能给人带来各种危害。

1. 地表水资源质量

多年来,我国水资源质量下降,水环境持续恶化,由于污染所导致的缺水和事故不断发生,不仅使工厂停产、农业减产甚至绝收,而且造成了不良的社会影响和较大的经济损失,严重地威胁了社会的可持续发展,威胁人类的生存。

2. 地下水资源质量

我国地表水资源污染严重,地下水资源污染也不容乐观。我国北方五省区(新疆、甘肃、青海、宁夏、内蒙古)和海河流域,无论是农村还是城市,浅层地下水或深层地下水均遭到不同程度的污染,局部地区(主要是城市周围、排污河两侧及污水灌区)和部分城市的地下水污染比较严重,污染呈上升趋势。

二、中国水资源特点及存在问题

(一)水资源总量大,人均量低

我国水资源总量约为 2.8 万亿 m^3,仅次于巴西、俄罗斯、加拿大、美国和印度尼西亚,居世界第 6 位。在世界主要国家中,我国水资源总量是可观的,但由于人口众多,导致人均水资源量远远低于上述主要国家,也大大低于全世界的平均水平。

(二)水资源的地区分布极不平衡

我国水资源总量居世界第 6 位,但地区分布不均,与土地资源和生产力布局不匹配,总体上表现为东南多,西北少;沿海多,内陆少;山区多,平原少,见图 1-2。

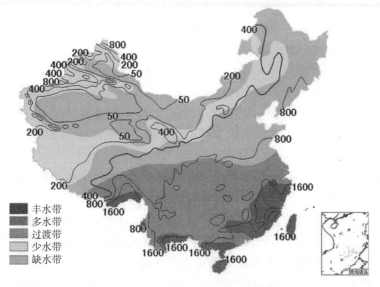

图 1-2　中国水资源分布示意图

长江流域及其以南的珠江流域、浙闽台诸河、西南诸河等流域,国土面积、耕地和人口分别占全国的 36.5%、36% 和 54.7%,但水资源总量却占全国的 81%,人均水量为全国平均水平的 1.6 倍,亩均占有量是全国平均值的 2.3 倍;而北方国土面积为全国的 63.5%,水资源总量却只占全国的 19%,但耕地却占全国的 58.3%,人口占全国的 43.2%。如以单位水量相比,南方的人均水量为北方的 4.4 倍,南方的亩均水量为北方的 9.1 倍。这些表明我国北方在相当长的时期内,面临着在开源节流、合理开发利用水资源及协调城市工农业用水等方面的巨大压力。

(三)水资源的时间分布极不平衡

水资源在时间上的分布极不均匀,在同一地区,不同时间分布差异性很大,一般夏季多、冬季少。降水量和河川径流量的 60% ~80% 集中在汛期,南方地区最大和最小年降水量一般相差 2 ~3 倍,北方地区一般相差 3 ~6 倍,河川径流量最大和最小年份可相差 10 倍以上,且往往出现连续丰水年或连续枯水年的情况,水资源开发利用难度大,供需矛盾突出。不仅造成频繁的大面积水旱灾害,而且对水资源的开发利用十分不利,在干旱年份还加剧了缺水地区城市、工业与农业用水的困境。

(四)水资源供需矛盾加剧,威胁社会可持续发展

我国水资源供需状况不容乐观,长期以来,我国社会经济发展一直受缺水困扰,水资源成为制约国民经济发展的"瓶颈",缺水量越来越多,缺水地区由点到面,几乎成为全国性问题,并且此问题越来越突出。首先,水资源危机将会导致生态环境的进一步恶化;其次,水资源短缺将威胁粮食安全;再次,因水资源问题导致的国民经济损失不断加大。

三、21 世纪中国水资源面临的主要问题

(一)我国水资源开发利用问题

(1)人类活动、流域下垫面条件变化是北方水资源量减少的重要原因之一。

全国平均降水总量虽然变化不大,但北方普遍偏旱,引起北方水资源数量减少的原因之一是流域下垫面条件变化。由于城市化进程加快、农业生产和水土保持生态环境建设,雨水集蓄利用以及地下水开发利用等,改变了流域下垫面条件,降水和径流关系发生明显改变,同等降水条件下,河川径流量有所减少,一般情况河川径流减少幅度为 10% ~ 20%,降水偏少情况减幅更大,可达 15% ~40%。北方地区因下垫面条件变化而导致水资源量的减少,是一种趋势性的变化,随着经济活动的加剧和人类活动对下垫面的改变,今后这种变化的程度还会加剧。

(2)水资源开发过度与开发不足并存。

北方地区除松花江区外,水资源开发利用程度在 40% ~100%,其中海河流域当地水源供水量已超过多年平均水资源量。总体看,北方腹地大多数河流水资源开发利用潜力已十分有限,部分地区目前开发利用水平已接近或超过其最大可利用的极限,但周边部分河流,如松花江、辽河区周边界河以及西北诸河区中的跨界河流的开发程度仅为 23%、7% 和 39%,尚有一定的潜力;南方地区目前水资源可利用量的开发率约为 33%,远低于北方地区,水资源开发利用的潜力较大。

(3)总体用水效率和效益较低,缺水与用水浪费并存。近 20 年来,我国用水量持续增长,用水结构不断调整,对用水安全的要求在不断提高。1980 年以来,全国农业用水基本持平,但占总用水量的比重已由 1980 年的 85% 下降到 2000 年的 68%。城镇生活、工业与农村生活用水显著增加,城镇生活用水量年均增长率达 7.2%,工业用水量年均增长率达 5.2%。地区用水增长差别显著,南方和东部地区工业和城镇用水增长显著,高于北方和西部地区。目前,我国城镇人均生活用水量为 212 L/d(其中城市为 228 L/d),农村人均生活用水量仅为 66 L/d,均低于发达国家和同等发展中国家的用水水平,随着经济社会的发展和人们生活水平的提高,我国用水结构还将进一步调整,城乡生活以及工业用水的增加,对供水水质和保障率的要求将更高。

(4)水污染加剧的态势尚未得到有效遏制。在调查评价的约 29 万 km 河长中,有

34%的河长河流水质劣于Ⅲ类,其中太湖流域和淮河、海河区接近一半的评价河长水质劣于Ⅴ类,水污染十分严重。在199万km²的平原区中,浅层地下水水质为Ⅳ、Ⅴ类的面积占60%,其中,由于人为污染造成地下水质变差的约占55%。近20年来,我国水污染的趋势仍在加剧。

(5)水资源问题已经成为影响生态环境的重要因素。长期以来,由于人口增长过快,生产方式相对落后,在经济建设中不够重视保护生态环境,对水土林草等自然资源过度利用和消耗,造成一系列生态环境问题,特别是自然生态较为脆弱的地区生态环境问题十分突出,严重影响可持续发展。调查的514条北方河流中,2010年有60条河流发生断流,河流功能衰减或基本丧失。较20世纪50年代全国湖泊面积、天然陆域湿地面积均有不同程度减少。全国地下水超采区面积约19万km²,累计超采量超过1 500亿m³,造成地面沉降、塌陷、地裂缝,海水和咸水入侵、地下水水质恶化等环境地质问题。

上述水资源调查评价的初步结果进一步证明了我国"水多、水少、水脏、水混"四大水问题的存在,进一步表明了我国水资源的状况所具有的总量丰富、时空分配不均、污染严重等自然特征。同时,如果考虑社会的因素,还具有人均水资源量少、人类活动影响巨大、利用效率和效益低、水资源分布与生产力布局不匹配等特性。

(二)21世纪水资源问题的严峻性

人们通常将我国目前水资源开发利用存在的主要问题形象地概括为"水多、水少、水脏、水混"。进入21世纪,随着人口的增加和国民经济的快速发展,这些问题依然存在,并且有愈演愈烈的趋势,同时出现许多新情况,导致21世纪中国水资源问题更加严峻,主要表现在以下几方面。

1. 水资源供需矛盾达到白热化

目前,我国水资源供需矛盾比较严重。在全国600多个城市中,缺水城市达300多个,其中严重缺水的城市100多个,日缺水1 600万t,每年因缺水造成的直接经济损失达2 000亿元,全国每年因缺水少产粮食700亿~800亿kg。

中国太干渴了,特别是北方土地在干裂。2015年,全国作物受旱面积2.8亿亩、受灾面积1.51亿亩、成灾面积8 366万亩,直接经济损失579亿元。降水与历年同期相比,海河流域大部分偏少9成,淮河偏少8成,黄河中下游偏少2~3成,长江中下游偏少1成,重旱区的中小河流大部分已经断流。全国352座大型水库蓄水较上年同期减少146亿m³,31座重点大型水库已有4座在死水位以下,重旱区绝大部分小型水库和塘坝已经干涸。山东沂蒙曾有大小河流2 000多条,淡水资源在山东来说也是数一数二的,然而现在却成了多河缺水的地带。水成为沂蒙乡村最珍贵的礼物,山民走亲探友时带的是水,干部下乡扶贫车上载的是水,部队进山支农汽车上拉的是水。

进入21世纪,我国水资源供需矛盾进一步加剧。2010年全国总供水量约为6 500亿m³,相应的总需水量达7 300亿m³,供需缺口近1 000亿m³;2030年全国总需水量将达10 000亿m³,全国将缺水4 000亿~4 500亿m³;到2050年全国将缺水6 000亿~7 000亿m³。值得说明的是,在1949~1994的46年间,我国的供水量仅增加4 000亿m³,在此期间水资源开采利用较容易,难度较小,如果在今后30余年水资源供水量增加4 000亿~4 500亿m³(或者50多年增加6 000亿~7 000亿m³),完成这项任务将非常艰巨。

由此可见,21世纪我国水资源供需面临非常严峻的形势,如果在水资源开发利用上没有大的突破,在管理上不能适应新的要求,水资源很难支持国民经济迅速的发展,水资源危机将成为所有资源问题中最为严重的问题,它将威胁中华民族的伟大复兴,前景十分令人担忧。解决水资源的供需矛盾,原则上应从以下几方面入手:实行水资源的统一规划与管理;认真贯彻开源与节流并重的方针,加强用水的科学管理;应通过多种途径开源,除有计划地进行水利工程设施建设、建立新水源外,还应根据不同情况利用海水、苦咸地下水和其他低质水,搞好污水回用;保持生态环境,加强水体保护、水土保持、涵养水源,增加可利用水量;积极进行跨流域调水的规划与实施,以求进一步缓解缺水地区水的供需矛盾。

2. 水质危机所导致的水资源危机大于水量的危机

水资源是量与质的高度统一,21世纪我国面临着水量的危机,同时水质危机更加严重,甚至因水质问题所导致的水资源危机大于水量危机。

目前,无论是地表水还是地下水,我国的水质污染非常严重。根据对全国109 700 km河流进行的评价,符合《地面水环境质量标准》Ⅰ、Ⅱ类标准的只占29.4%(河段统计),符合Ⅲ类标准的占33%,属于Ⅳ、Ⅴ类标准的占20.3%,超Ⅴ类标准的占16.9%。如果将Ⅲ类标准也作为污染统计,则我国河流长度有70.6%被污染,占监测河流长度的2/3以上,可见我国地表水资源污染非常严重。

我国地表水资源污染严重,地下水资源污染也不容乐观。根据水利部组织编写的《2015年中国水资源公报》,我国北方5省区和海河流域地下水资源,无论是农村(包括牧区)还是城市,浅层水或深层水均遭到不同程度的污染,局部地区(主要是城市周围、排污河两侧及污水灌区)和部分城市的地下水污染比较严重,污染呈上升趋势。

进入21世纪,虽然随着我国环境治理力度加大,水质恶化的势头有所控制,但从总体上来说,水质恶化的趋势不可避免,从空间上,将由大陆向海洋、从城市向农村扩展,如果不采取有力的措施,一些城市、地区或流域甚至全国可能发生水质危机。可以说,水质危机危害远远超过水量危机,必须引起高度重视。

3. 水资源"农转非"严重,水权成为重大问题

"农转非"是指农业水资源通过不同的途径改作他用,导致单位水资源所产生的效益高于原有的水资源利用模式。从世界角度来看,这是一种趋势。产生这种现象的根本原因是比较效益在发挥导向作用,可以估算,单位水资源用于农业所产生的效益远远低于用于工业所产生的效益。我国水资源"农转非"现象更加普遍,而且随着时间的推移趋势更加明显。

1949年我国农业用水量约为1 001亿 m^3,占全国总用水量1 031亿 m^3 的97.1%,到1997年,该比例下降到75.5%;与此同时,工业和城市生活用水比例由2.9%上升到24.5%。如果仍以1949年的比例为基准进行估算,那么1997年约有1 206亿 m^3 水资源被转移到工业和城市生活,其中工业用水接纳了993亿 m^3,城市生活用水接纳了223亿 m^3;即便是以1980年为基准,也有710亿 m^3 水资源总量被转移利用。21世纪,水资源"农转非"的现象更加明显。据有关专家预测,到2050年,全国需水构成比例农业用水占54%,城市生活用水占46%,如果仍以1949年的比例为基准,那么到2050年将有3 427

亿 m³ 水资源被转移。

大量的水资源"农转非"并没有制约农业的持续发展,仅以粮食生产为例,1949 年只生产粮食 1 132 亿 kg,1998 年则达到 49 000 亿 kg。水资源只是农业持续发展众多因素中的重要因素之一,农业用水向城市生活和工业转移没有影响农业发展的根本原因是优质种子、化肥和科学技术的进步推动,其中农业节水技术发挥了不可替代的作用。可以说,水资源"农转非"挤占了农业生产所必需的农业水资源资产,它迫使农业生产走高效用水之路,因而促进了农业节水技术的发展,其最终结果是水资源资产增值。

水资源"农转非"并不是无限的。我们必须清醒地认识到,水资源"农转非"在一定程度上侵犯了农民的水权。所谓的水权是指水资源的所有权和使用权。我国宪法规定水资源归国家所有(集体除外),但现实上存在着所有权与使用权的分离。随着市场经济逐步完善,水权问题更加突出,必须认真研究水权的取得、水权的交易、水权的实现与水权调控等一系列重大问题,使"农转非"问题在水权方面得到圆满解决。如果对此忽视,那么必将引发一系列社会矛盾,导致该种模式的实施出现障碍。

4. 水资源开发引起的生态环境问题更加严重

为了满足 21 世纪水资源需求,必将加大水资源开采力度;水资源过度开发,无疑会导致生态环境的进一步恶化。通常认为,当径流量利用率超过 20% 时就会对水环境产生很大影响,超过 50% 时则会产生严重影响。目前,我国水资源开发利用率已达 19%,接近世界平均水平的 3 倍,个别地区更高,如 1995 年松辽、海、黄、淮等片开发利用率已达 50%以上。据预测,到 2050 年全国地表水资源利用率为 27%,除西南诸河利用率较低(12%)外,其他各流域均超过 20%,特别是海滦河、淮河、黄河地表水资源利用率均超过 50%,分别为 62%、60% 和 56%。

地下水的开发利用也将达到相当程度。2050 年,全国地下水利用率平均为 64%,除内陆河较低(27%)外,其他流域(不含西南诸河)地下水利用率均大于 56%,特别是海滦河、淮河、黄河地下水利用率将分别高达 100%、74%、93%。过度开采地下水会引起地面沉降、海水入侵、海水倒灌等一系列环境问题。

(三)21 世纪中国水资源安全对策

1. 开展以提高用水效率为中心的技术革命

用水效率和水资源利用率是两个不同的概念,它偏重于单位水资源所获得的效益。我国的水资源开发利用率较高,但是水资源利用效率比较低下,导致宝贵的水资源浪费十分严重。

我国是农业大国,农业用水量占总用水量的 73.4%(若考虑农村生活用水则占 81.7%)。我国的农业长期以来采用粗放型灌溉方式,水的利用效率很低,现有灌溉用水量超过作物合理灌溉用水量 0.5 ~ 1.5 倍,潜力相当可观。当前我国灌溉用水的利用系数只有 0.3 ~ 0.4,与发达国家 0.7 ~ 0.9 相比,相差 0.4 ~ 0.5;农作物水分利用率平均为 0.87 kg/m³,与以色列 2.32 kg/m³ 相比,相差 1.45 kg/m³。

工业和城市用水浪费现象也很严重,除北京、天津、大连、青岛等城市水重复利用率可达 70% 外,大批城市水资源的重复利用率仅有 30% ~50%,有的城市更低,而发达国家已达到 75% 以上,我国大大低于先进国家。全国多数城市自来水跑、冒、滴、漏的损失率估计为15%~20%。

我国节水有很大的潜力可挖。城市生活用水的节水潜力也很大,有1/3~1/2潜力可挖。我国目前节水效益水平与国际上比较还是低的。以生产单位国内生产总值(GDP)所用水量作为反映综合用水效率的指标,以2009年各国经济数据进行计算,万美元GDP用水量世界平均水平约为711 m^3,中国为1 197 m^3,是世界平均水平的1.7倍,高于巴西、俄罗斯等国,是美国的3倍、日本的7.3倍、以色列的12倍、德国的12.3倍。说明我国节水潜力很大。因此,我国必须掀起一场提高用水效率的革命,大幅度提高用水效率。据估算,如果科学地发展节水农业,到2030年我国灌溉水的利用系数达到0.6~0.7,水分生产率达到1.5 kg/m^3,即在30年内,灌溉水的利用效率提高0.3,按现状4 000亿 m^3 计算,则可节水1 200亿 m^3,按1.5 kg/m^3 计,可增产1.2亿t粮食。这对于保证未来粮食安全是非常重要的。

为此,我们应该进行以提高用水效率为中心的技术革命,如提高水利产业中的科技含量,农业大力推行节水灌溉技术,工业要采用先进技术和工艺,提高循环用水的次数,生活用水设施采用先进节水措施等。

2. 水资源管理一体化

所谓的水资源管理一体化,是指将水资源放在社会-经济-环境所组成的复合系统中,用综合的系统方法对水资源进行高效管理。水资源管理一体化的主要思想是,水资源不仅是自然资源,而且是对环境有相当制约的环境资源。它对国民经济发展、人们生活福利的提高以及人类社会的可持续发展都有重要的影响。所以,水资源管理不能采取"头痛医头,脚痛医脚"的方法,而应该采取"牵一发而动全身"的系统方略。

水资源管理一体化在客观实施上具有多层次性。如区域水量与水质管理的协调统一,流域管理与行政管理的协调统一,水资源管、供、用和治理协调,水资源利用和湿地保护统一,水资源地表与地下水、降雨联调,水资源开发利用与森林保护相统一,区域产业结构的调整和布局充分考虑水资源承受能力等。

管理上的一体化,其中起重要作用的是机构协调和目标的一体化,要求有关部门管理协调统一,部门之间必须拧成一股绳,协同作战,不能各自为政。水资源管理涉及众多部门,例如,节水农业是一个系统工程,涉及农业、水利、科技、气象、城建、环保、宣传、计划等众多部门,单靠某一部门开展节水农业是难以实现的。如果各自为战,难以形成合力发挥最大效益,效率低下,而且造成国家财富的损失,必须通过有关部门的大力协作来完成。

从效益上来看,水资源管理一体化的最终目标是水资源开发利用必须达到经济效益、社会效益和生态效益的协调统一。如充分利用当地的降雨资源,从局部上来考察,可能提高了水的利用效率,具有较好的社会效益和经济效益,但从整个流域的角度来认识,假设流域的各个区域皆以留住当地水资源为己任,流域水资源地表径流会发生大的改变,甚至导致大江大河的断流,引起更大的生态环境问题。所以,充分利用当地水资源是以流域的承受能力为极限,是有条件限制的。对于大空间的水资源一体化必须通过政府的调控来实现,区域是无法来完成的,特别是在随着社会主义市场经济的逐步完善,各个区域皆以经济效益为最终目标的条件下,政府的水资源管理一体化宏观调控功能更应该加强和完善。

3. 建立高效有序的水资源管理体制

水资源管理一体化,必须有相应的管理体制作为保证,建立高效有序的水资源管理体制,是解决 21 世纪水资源安全不可或缺的重要途径。

目前,我国水资源管理体制不合理,造成水资源开发利用出现许多问题。仅以农业水资源开发利用为例,主要存在以下问题:①水资源短缺与水资源浪费共存;②现行体制和政策难以形成有效的节水机制,管理单位失去节水的积极性,不利于节水,甚至鼓励多用水;③灌溉工程老化,仅以渠道工程老化为例,在被调查的 373 座渠首建筑物中,完好的仅占 4% ;④过度超采,生态环境恶化,出现大面积地下漏斗、地面沉降或裂缝、黄河断流、海水入侵等;⑤水利工程管理单位收不抵支,举步维艰。为了 21 世纪水资源安全,水资源管理体制必须有一个大的突破。

第一,必须将节约用水、保护水资源作为一项基本国策。在全社会形成节水和保护水资源的风气,把它作为全民的行动,与社会经济可持续发展结合起来,要坚持不懈,无论产业结构布局和调整,还是各项政策的制定和实施,必须充分考虑水资源的制约因素,建立节水型社会。

第二,在管理方面,改变原有的管理方法,由供给管理转向需求管理与供给管理的有机结合,进而逐步实现需求管理。

传统的水资源管理可以统称为供水管理,其主要特征是根据工农业用水需求,建设大中型水利工程来实现水资源供需平衡,它为缓解甚至彻底解决水资源供需矛盾发挥了重要作用,并且在今后相当长的一段时间内,在某些地区仍将发挥重要的作用。随着水利工程不断兴建,工程难度愈来愈大,成本也不断增加,而且随着径流开发加大,带来了一系列的生态环境问题,水资源供需矛盾也不断加剧,完全依靠增加工程解决水资源问题已经不可能,运用综合手段缓解水资源供需矛盾成为一种必然。供水管理的最大缺陷是忽略了用水者节水的可能性,它将水资源供需矛盾的解决寄托在水源供给上,其结果是水资源浪费的增加和低效。必须变供水管理为需求管理。

所谓的水资源需求管理,就是综合运用行政的、法律的和经济的手段来规范水资源开发利用中的人类行为,从而实现对有限水资源优化配置和合理利用。它强调把水资源作为一种稀缺的经济资源,对水资源的优化利用应着眼于现存的水资源供给,而不是自发地向新的供水能力投资以满足未来对水的需求。在今后相当长的一段时间内,农业水资源供给量不可能增加,我们必须依靠现在的 4 000 亿 m^3 水资源实现农业的可持续发展。实施水资源需求管理是实现这一目标的关键所在。

第三,改革现行的行政管理体制,实施"事企"剥离。其目标是:在水行政部门的宏观指导下,真正做到产权清晰,权责明确,建立用水户参与管理决策的民主管理机制,如"经济自立灌排区"水管理模式。

第四,制定《节水法》,依法促进节水型社会和水管理体制的转变。通过法律途径规范节水型社会的建设和高效水管理体制的形成,是依法治国的组成部分之一,也是节水得以顺利发展的前提和方向。根据我国水资源实际情况,应该在有关法律基础之上,尽快制定《节水法》。

4. 充分重视水资源战略储备及相应技术的技术储备

为了应付 21 世纪我国面临的严重的水量与水质危机，我们必须做好水资源后备战略储备及相应技术的技术储备。

作为后备的战略水资源，最主要的是海水利用、调水、大气水的开发。

海水是战略后备水资源基地，具有"取之不尽，用之不竭"的特征。在我国水资源日益紧张的情况下，充分利用海水和向大海要淡水成为一条必由之路。20 世纪 30 年代初期海水利用尚处于尝试阶段。20 世纪 80 年代，全球已建成 7 536 座海水淡化厂，特别是淡水资源奇缺的中东地区，现已把海水淡化作为提供淡水的重要途径。沙特 20 世纪 80 年代建立了第一个大型海水淡化联合企业，现已发展到 23 个大型现代化工厂，淡水水量也由开始的 0.277 亿 L 增加到现在 23.64 亿 L，基本解决了长期困扰的淡水问题。日本早在 20 世纪 30 年代就使用海水作为工业冷却水，1980 年工业用水的 50% 为海水，日本沿海大多数火力发电、核电、冶金及石油化工等行业都在以不同形式利用海水，仅电力企业的海水利用量就达 1 000 亿 m³。美国在 20 世纪 80 年代初工业冷却用海水已达 720 亿 m³，目前工业用水的 20% 为海水。

1997 年，我国 500 m³/d 的脱盐设备已有 40 多个，总产水量 18.69 万 m³/d(占世界海水淡化总量的 0.8%，名列第 20 位)。目前我国沿海城市一半以上缺水，海水淡化和海水利用应作为解决沿海和岛屿水资源不足的重要途径之一。应该做好相应的规划，并进行海水资源开发利用研究和实践，在充分吸取国内外经验的基础上，设计和建造适宜于我国需求的海水淡化系统。

调水是解决水资源分布不均衡的重要手段之一。"南水北调"是一项战略性工程，目前，中东线已建成通水。我国另一个具有战略意义的水资源在西南诸河，西南诸河具有丰富的水资源，可以通过适当的方法来调控。

西藏的大江大河较多，从北向南依次有金沙江(含通天河)、澜沧江、怒江、雅鲁藏布江，简称四江。"四江"水量丰富，具备调水条件。"四江"多年平均径流量 4 513 亿 m³。出口处，75% 年份的来水量为 4 023 亿 m³，可调出 435 亿 m³，基本可以满足北方经济发展对水的需要。必须指出的是，西南水资源的开发难度较大，且河流多为国际河流，所以必须事先多做准备。

大气水的开发利用是解决水资源危机的另一条途径。国际上自 1946 年首次成功实施人工降雨以来，至今技术逐步成熟，积累了一定经验。我国也开展了一些工作，如 1995 年河北开展的人工降雨取得了显著的效益，据测算，产出效益和投入比在 30∶1 以上。因此，我国应该采取一定措施，从战略的角度重视大气水的开发利用，从全国的角度制定大气水开发利用规划，研究大气水的开发利用对地表径流及生态环境的影响，开发投入低、产出高的新技术。

由于后备水资源开发利用难度较大，技术要求很高，我们应该从讲政治和战略的高度，加强有关技术的研究和储备，否则，难以支撑 21 世纪水资源需求。

5. 面向国内国际市场，适当开展水资源贸易

市场是资源配置的重要手段，向国际、国内市场要水资源，并且适当开展水资源贸易，是解决 21 世纪水资源问题的重大方略之一。

对于国内市场,主要包括两个方面。其一是拉动经济杠杆,建立节水型经济激励机制,包括:补偿奖励机制,即国家或政府根据节水的实际情况,给予供水单位适当的补偿奖励;惩罚奖励机制,即对于完成节水指标的用户给予适当的奖励,对于没有完成的用户,给予适当的惩罚,奖励与惩罚相结合;水权交换机制,即研究水权的理论和可操作的交换机制,通过市场的交换,实现水资源的有效分配。其二是建立科学的水价体系。科学的水价体系是水利经济良性运行的重要保证,也是合理利用水资源的调解器。以水价改革为突破口,建立良好科学的水价体系,主要包括:制定符合社会主义市场经济发展规律的水价办法;按供求关系调整水价,实行动态水价和超计划累进加价制度;建立科学的水价体系,确保地表水、地下水及降水联调机制顺利实施。

对于国际市场,由于水资源运输的不经济性,开展水资源直接贸易存在一定困难,可以通过间接的办法来实现,例如多出口消耗水量少的产品,在进口时,多进口消耗水量多的产品,通过这种方式,便可以达到水资源的国际贸易目的。实际上,目前我们也有条件实施这种贸易,如通过粮食进口渠道来实现。从全球来看,我国粮食生产并不具有优势,而且粮食是水资源耗用大户,我们完全可以在不威胁国家粮食安全的条件下,多进口一些粮食,剩余的水资源可以通过"农转非"方式实现高效利用。

第二章 河长制出台的背景

第一节 中国水环境治理历程

中国水环境污染治理已经有了多年的历程。早在"九五"期间,国家就实施了"三江三湖"的重点治理,但是效果并不是很显著。在重点河湖治理难言功成的同时,水污染从城市扩展到乡村,从东部蔓延到西部,从地表深入到地下。严重的水污染,威胁到我们的供水安全,危害我们的生存环境,还危及农产品、水产品安全,与全面建成小康社会的要求格格不入,已到了非治不可的地步。

一、水环境治理法律体系的完善

为落实中央的发展新理念,近年来,立法机构对环境保护法规及时进行了修订,为从严治污提供了更坚实的法律基础。

2014 年新修订的《环境保护法》,较修订前有了一系列更新的提法和更严格的要求,指明"保护环境是国家的基本国策"。为减少先污染后治理的高成本,提出了"保护优先"的环保战略。为破解跨区域协调难的症结,要求"国家建立跨行政区域的重点区域、流域环境污染和生态破坏联合防治协调机制,实行统一规划、统一标准、统一监测、统一防治措施"。针对环保部门监管权偏弱、软而不硬的问题,增强了环保职责部门的执法权限,"可以查封、扣押造成污染物排放的设施、设备"。为扭转地方为发展经济而牺牲环保的倾向,大大强化了环保监督考核,要求"县级以上人民政府应当每年向本级人民代表大会或者人大常委会报告环境状况和环境保护目标完成情况","县级以上人民政府应当将环境保护目标完成情况纳入对本级人民政府有关部门及其负责人和下级人民政府及其负责人的考核内容,考核结果应当向社会公开",在环保经济机制方面,明确"国家建立、健全生态保护补偿制度"。在行政管理手段上,明确"实行排污许可管理制度"。从预防预警的角度,要求"县级以上人民政府应当建立环境污染公共监测预警机制"。为解决环境违法处罚过低、违法所得往往大于违法成本的问题,加大对环境违法的处罚力度,实行"按日计罚"措施。为增加透明度和接受社会监督,增加了"信息公开和公众参与"条款。

2016 年修订的《水污染防治法》,在某种程度上比《环境保护法》修订得更为彻底:①降低了环境公益诉讼门槛。以前规定是辖区市人民政府民政部门登记的社会组织,连续从事环保公益 5 年才能提出公益诉讼;修订后,依法符合条件的环保社会组织都可以提起公益诉讼。②增加了环境公益诉讼渠道,即增加人民检察院可以提起公益诉讼的渠道。③明确党政同责、一岗双责,明确上游政府对下游的污染负有赔偿责任。④大幅度提高环境违法处罚力度,违法设置排污口从原来罚款 2 万 ~ 10 万元,变成处罚 20 万 ~ 100 万元,是原来的 10 倍。

二、"水十条"加大水污染治理力度

国务院于 2015 年 4 月发布了《水污染防治行动计划》(简称"水十条")。这无疑是开展全国水污染防治大决战的战略部署。它明确了"大力推进生态文明建设,以改善水环境质量为核心",按照"节水优先、空间均衡、系统治理、两手发力"原则,贯彻"安全、清洁、健康"方针,强化源头控制,水陆统筹、河海兼顾,对江河湖海实施分流域、分区域、分阶段科学治理,系统推进水污染防治、水生态保护和水资源管理等水污染防治的总体要求。提出到 2020 年全国水环境质量得到阶段性改善,到 2030 年力争全国水环境质量总体改善,到 21 世纪中叶生态环境质量全面改善,生态系统实现良性循环的治理目标。提出了全面控制污染物排放、推动经济结构转型升级、着力节约保护水资源、强化科技支撑、充分发挥市场机制作用、严格环境执法监管、切实加强水环境管理、全力保障水生态环境安全、明确和落实各方责任、强化公众参与和社会监督等十条具体措施。"水十条"发出了水污染防治大决战的全民动员令,要求实行"政府统领、企业施治、市场驱动、公众参与"的社会共治模式。政府、市场、企业、公众各司其职,各施所长,协同配合。

三、河长制要求各地政府落实治水责任

2016 年 12 月 11 日,中央全面深化改革领导小组第二十八次会议通过《关于全面推行河长制的意见》(简称《意见》),决定在全国推行河长制,要求在 2018 年年底全面落实河长制。

河长制是从河流水质改善领导督办制、环保问责制衍生出来的水污染治理制度。河长制于 2007 年首创于曾深受太湖污染之害的无锡市,取得了很好的效果。此后江苏、浙江开始在各自省内实施由地方政府首长负责的河长制。2014 年水利部开始在全国推广试点河长制。

河长制的核心是河湖水管理的首长负责制。其全国组织形式是:各省(自治区、直辖市)设立总河长,由党委或政府主要负责同志担任;各省(自治区、直辖市)行政区域内主要河湖设立河长,由省级负责同志担任;各河湖所在市、县、乡均分级分段设立河长,由同级负责同志担任。县级及以上河长设置相应的河长制办公室。河长制之所以在实践中有效,是因为它有以下优点:

(1)解决了多龙治水互不协调的老大难问题。涉水管理部门很多,有水利、环保、城建、国土、农业、林业、交通、电力、气象、市政等,相互协调很难。河长制由地方首长任河长,具有协调的权限和权威,便于协调各部门的工作。

(2)实现了河湖水系的综合管理。河长统管水资源保护、水域岸线管理、水污染防治、水生态治理,在组织方式上实现了水量与水质、水域与陆域的流域综合管理。

(3)提供了落实地方政府对环境质量负责的具体制度。虽然环境保护法规定了地方政府有对其行政区域环境质量负责的职责,但以前缺乏评估、考核、奖惩的具体制度。河长制的实施,建立了很具体的地方首长对河湖水环境负责的监督考核制度。

（4）提供了跨区域水管理的矛盾解决机制。跨界河湖的管理因为涉及不同区域之间的利益冲突,往往难以协调。而河长制明确河流分段（分片）责任制,对交接断面的水量、水质进行考核,实行奖优罚劣,提供了协调上下游以及左右岸关系的制度机制。

（5）"党政双责"把党的领导优势调动到了河湖治理之中。地方的重大决策、人事安排都是党委决定的,如果只要求政府负责人对有关决策的后果负责,就有点权责不对称的不公平,因为政府负责人往往只是执行者,而不是真正的决策者。河长制中"党政双责"制度的建立,要求党委负责人对当地河湖环境负总责,使得决策的权力与责任更为平衡。同时,推行"党政双责",也有利于把党的领导优势充分发挥到河湖治理中来。在中央深改组通过《关于全面推行河长制的意见》之前,住建部、环保部于2015年8月发布了《城市黑臭水体整治工作指南》,要求明确黑臭水体的责任人,即河长或湖长。黑臭水体治理中的一大亮点是住建部、环保部搭建了全国城市黑臭水体整治信息发布平台,公众可以通过电脑、手机登录平台查询,可以通过手机进行定位和举报。

河长制在试点的过程中也存在如下一些值得注意的问题:

（1）有些地方偏离了"首长负责制"。各地在上报黑臭水体的责任人,即河长或湖长时,很多地方报的不是政府首长,而是五花八门的人员,包括:政府分工主管副职,行业主管部门正职或副职乃至一般人员,政府其他部门如农办、执法局、武装部的人员,基层水务站、市政工程管理所、园林所、设施建设管理办公室乃至基层居民自治组织负责人等。这些"非首长"的河长,肯定起不了首长综合协调的作用。实际上,他们应该是河长下面的办公人员,而不应该是河长。

（2）一些地方流于形式。河长制不只是挂牌公示而已,而是需要有一系列的治理措施,需要有科学的规划、缜密的设计、精细的施工、严格的管理,需要有资金、人力的投入,如果没有这一系列投入和动作,只是挂个牌,河长制就发挥不了作用。另外,实行河湖首长负责制,将成为今后相当长时期内的一种水治理制度,虽然明确了地方首长对河湖治理负总责,但如何结合各地实际更合理地设置和协调其下的管理部门,以适应高水平综合管理河湖的要求,仍需要努力探索。

第二节　河长制出台的历程

党的十八大以来,随着生态文明建设纳入国家"五位一体"总体战略的确定,中国环境治理体系面临再次改革。改革实质就是利益的调整,每前进一步都显得尤为困难。李克强总理说过:"中央政府改革是上篇,地方政府改革是下篇"。改革已进入深水区,既需要顶层设计,更需要实践突破。河长制正好是环境治理领域改革的突破口,联动中央和地方政府乃至全社会治理体系改革的对接口,有助于地方率先转变政府职能、打破部门壁垒,树立样本。

在此背景下,2016年年底,中央全面深化改革领导小组、中共中央办公厅和国务院办公厅相继通过、印发了《关于全面推行河长制的意见》,标志着河长制已从当年应对水危机的应急之策,上升为国家意志。新一轮河长制推进,需要总结剖析上一轮工作历程,分析其演变特点,揭示其待解难题,从深化环境治理体系改革的角度出发,提出对策建议。

一、无锡首创河长制

河长制的起源和发展缘起江苏无锡,2007年初夏,无锡因蓝藻暴发引发了水污染(见图2-1),造成的供水危机引起了全国乃至全世界关注。江苏省委、省政府痛定思痛、痛下决心,要根治顽疾,确立了治湖先治河的思路,无锡率先创立了河长制。2007年,《无锡市河(湖、库、荡、氿)断面水质控制目标及考核办法(试行)》明确要求将79个河流断面水质的监测结果纳入各市(县)、区党政主要负责人(河长)政绩考核。

图2-1 2007年太湖蓝藻暴发景象

2008年,《中共无锡市委无锡市人民政府关于全面建立"河(湖、库、荡、氿)长制",全面加强河(湖、库、荡、氿)综合整治和管理的决定》,明确了组织原则、工作措施、责任体系和考核办法,要求在全市范围推行"河长制"管理模式。

2010年,无锡市实行"河长制"管理的河道(含湖、荡、氿、塘)就达到6 000多条(段),覆盖到村级河道。苏州、常州等地也迅速跟进。苏州市委办公室、市政府办公室于2007年12月印发《苏州市河(湖)水质断面控制目标责任制及考核办法(试行)》,全面实施"河(湖)长制",实行党政一把手和行政主管部门主要领导责任制。张家港、常熟等地区还建立健全了联席会议制度、情况反馈制度、进展督察制度等。常州延伸建立了断面长制,由市委书记、市长等16名市领导分别担任30个重要水质断面的断面长和24条相关河道的督察河长,各辖市、区部门、乡镇、街道主要领导分别担任117条主要河道的河长及断面长。建立了通报点评制度,以月报和季报形式发给各位河长。常州市武进区率先为每位河长制定了《督察手册》,包括河道概况、水质情况、存在问题、水质目标及主要工作措施,供河长们参考。

2008 年,江苏省政府办公厅下发《关于在太湖主要入湖河流实行"双河长制"的通知》,15 条主要入湖河流由省、市两级领导共同担任"河长",江苏"双河长制"工作机制正式启动。随后,江苏省不断完善河长制相关管理制度,建立了断面达标整治地方首长负责制,将河长制实施情况纳入流域治理考核,印发河长工作意见,定期向河长通报水质情况及存在问题,2014 年和 2015 年合计印发通报 270 多份。

2012 年,江苏省政府办公厅印发了《关于加强全省河道管理河长制工作意见的通知》,在全省推广河长制。至 2015 年,全省 727 条省骨干河道 1 212 个河段绝大部分落实了河长、具体管护单位和人员,基本实现了组织、机构、人员、经费的"四落实"。

二、河长制在全国的试点推广

河长制在江苏生根后,很快在全国大部分省市和地区落地开花。其中几个典型地区的工作总结归纳如下:

一是首家明确河长制法律地位的城市。《昆明市河道管理条例》2010 年 5 月 1 日起施行,将河长制、各级河长和相关职能部门的职责纳入地方法规,使得河长制的推行有法可依,形成长效机制。

二是"最强河长"阵容的省份。2014 年,浙江省委、省政府全面铺开"五水共治"(治污水、防洪水、排涝水、保供水、抓节水),河长制被称为"五水共治"的制度创新和关键之举。目前,浙江省已形成最强大的河长阵容:6 名省级河长、199 名市级河长、2 688 名县级河长、16 417 名乡镇级河长、4 212 名村级河长,五级联动的"河长制"体系已具雏形。

三是"河长"规格最高的省份。江西 2015 年启动河长制,省委书记任省级总河长,省长任省级副总河长,7 位省领导分别担任"五河一湖一江"的河长,并设立省、市、县(市、区)、乡(镇、街道)、村五级河长。江西将河长制责任落实、河湖管理与保护纳入党政领导干部生态环境损害责任追究、自然资源资产离任审计,由江西省委组织部负责考核、审计厅负责离任审计。

四是创建了河长制地方标准的开化县。2016 年 9 月浙江省开化县发布了《河长制管理规范》县级地方标准,明确了建立河长制管理体系的质量目标、机构设立和人员基本要求,针对性提出管理要求、信息管理要求和绩效考核要求,通过建立河长制管理体系,完善对河道的巡查、监督、管理、考核机制。

这几个地区的河长制实践各具特色,分别在有法可依、系统联动、党政同责、标准规范等方面做了开创和探索。

三、河长制取得的成绩

河长制的推行明显推动了水环境治理步伐。以江苏太湖流域为例,从 2008 年起,江苏太湖流域围绕规划、目标、项目、资金"四落实",先后编制并实施了三轮 15 条主要入湖河流综合整治方案。2015 年,太湖湖体水质由 2007 年的 V 类,稳定改善为 Ⅳ 类,参考指标总氮为 V 类,较 2007 年改善 35.6%;太湖富营养化水平由中度改善为轻度;65 个国控重点断面水质达标率 61.9%,上述各项指标均达到国家太湖流域水环境综合治理总体方案近期目标。河网水功能区水质持续改善,15 条主要入湖河流年平均水质全部为 Ⅳ 类以上,全部消除Ⅴ类和劣Ⅴ类河流(2007年有9条劣Ⅴ类河流)。

在浙江,2015年"基本完成黑臭河治理(累计5 106 km)",消除7个省控劣Ⅴ类断面;钱塘江所有省控断面水质达到或优于Ⅲ类,浦阳江流域出境断面水质由之前的劣Ⅴ类改善为2014年Ⅳ类、2015年Ⅲ类。2016年1~9月,浙江省地表水省控断面中,Ⅲ类以上水质断面占77.4%,比2010年提升16.3个百分点;劣Ⅴ类占3.6%,比2010年减少了13.1个百分点。

四、河长制的特点

(1)河长制的特点是确立了行政首长负责制。《环境保护法》规定地方各级人民政府应当对本行政区域的环境质量负责。但实际环保工作中,环境问题追责的往往是地方环保局长,政府的法定职责很难落到实处。而河长制从其诞生之日起,就牢牢抓住了地方政府首长担任责任人的"牛鼻子"。

以河长制发源地无锡为例,在如何落实行政首长负责制上做足了文章。无锡市某区要求每个河长按每条河道缴纳3 000元保证金,并上缴到区河长制管理保证金专户,以"水质好转""水质维持现状""水质恶化"等综合指数作为考核评判标准,设定全额返还保证金并按缴纳保证金额度的100%奖励、全额返还保证金和全额扣除保证金三种奖惩类型。除与经济收益挂钩外,还采取了一系列行政处罚措施,对年度考核成绩较差的领导,还分别给予诫勉谈话、通报批评、责令检查、责成公开道歉,直至调整工作岗位、责令辞职、免职等相应处罚。

浙江省每一条河都有各级党政领导担任河长,河长姓名、基本情况、整治措施、治理时间、责任领导等都公布于众,接受监督。还建立了赏罚分明的考核奖惩制度。对河流出境水质好于入境水质的地方政府给予奖励,对出境水质劣于入境水质的地方政府加以惩处;对"五水共治"走在前列的先进县(市、区),授予浙江治水最高奖项——"大禹鼎",2015年浙江省就有4个市、25个县(市、区)捧得"大禹鼎"。可以认为,河长制责任机制的实质就是领导干部的"包干制"。

(2)破解了"九龙治水"的顽疾。各地河长制实践的第二个共性特点,在于剑指如何破解"九龙治水"顽疾。2013年,浙江省因为充分认识到水资源、水生态、水安全的内在关联和互为因果,确立了"五水共治"系统治理路径,强化了涉水部门合作。由省生态办(环保厅)牵头环保部门主抓治污水,水利部门主抓防洪水、保供水,住建部门主抓排涝水、抓节水,在省治水领导小组办公室统一领导下,统筹谋划、分工合作,收到事半功倍的效果。

同年,江苏省组建了由各级政府、水利、环保和海洋渔业等部门组成的湖泊管理与保护联席会议制度,进一步整合各地区、各部门涉河涉湖管理的职能,变"多龙管湖"为联合治湖,全省省管湖泊均建立了联席会议工作机制,基本形成了河、湖、库全面管理的组织体系。部门协作机制的建立,缓解了过去"水利不上岸,环保不下水"的职能分割、片面治水等矛盾,从尊重水的多重属性出发,不仅能更科学地把握治水规律,而且还能集中力量以较低成本实现治水目标。

(3)搭建了社会共治的平台。在河长制推进工作中,很多地方都充分借助了民间力量。以江苏省为例,2014年年初,江苏省环保厅委托省环境保护公共关系协调研究中心,选出 6 条公众关注的河流,公开遴选出 6 家环保社会组织,对河道环境综合整治工作进行全过程监督。这是政府向环保社会组织购买服务的一次尝试。包括南京市建邺区莫愁生态环境保护协会、江苏绿色之友、苏州工业园区绿色江南公众环境关注中心等在内的 6 家环保社会组织,通过实地访问、民意调查、摄影摄像、公益宣传、环境教育等方式参与了监督管理。2015 年,莫愁生态环境保护协会推出了"莫愁河长"项目,当年招募了 380 余名民间河长。每位河长均配备了河长工具箱、河长手册、河长手记等,用于收集、记录河流数据、河流自然状况、周边环境状况以及市民访谈情况等。2016 年 8 月,由政府聘请的江苏省 15 条主要入湖河流之一的漕桥河民间河长正式上任,主要职能是每旬至少对漕桥河沿线及其周边河流、支浜等违法排污、违法捕捞、违章建筑、水面漂浮物、岸边垃圾、项目建设维护、治污设施运行、环境政策落实监督巡查一次,及时记录巡查情况,发送巡查日志,在政府相关措施、项目实施前给予合理化建议,独立行使监督权,及时发现问题并报告当地政府。

此外,不少地方在广泛发动社会各界力量方面也动足了脑筋。云南省 2010 年成立了九湖水污染防治督导组,组长及成员主要由省政府及其部门和地方政府退休的老领导组成,充分发挥他们的协调和监督作用。浙江省在"五水共治"工作中还调动了省外浙商的力量,2014 年 1 月在全国浙商华北峰会上,全国 11 家浙江商会联合发起成立了"省外浙商五水共治爱心基金"和"省外浙商五水共治协调联络中心"。

五、河长制待解难题

河长制历经近 10 年的发展,在体制机制上取得了一些突破,积累了不少经验,但仍然面临着一些难题需要破解。

一是职责非法定。这也是河长制是人治还是法治争议比较集中的焦点。目前只有少数地区,如昆明以地方法规、无锡以政府令的形式赋予河长职责,但如何落实依然存在法定手段缺位问题。大多数地区还是以行政命令、外力强迫为主推动,使得这项工作被不少地方认为还是一项运动性工作,具有临时性、突击性的特点,缺乏内在持久动力。

二是权责不对等。县级以上党政一把手担任河长的毕竟占少数,大多数河长是副职领导,或部门、街道和乡镇领导,甚至是村委会干部,缺乏必要的工作手段和协调推进能力。尤其在人事管理、资金调配等关键环节做不了主,往往力不从心。

三是协同机制失灵。尽管很多地方致力于破除"九龙治水"的积弊、营造全社会参加的氛围,但是条块割据、边界模糊、以邻为壑、公众缺位等沉疴目前很难从根本上解决,协同机制失灵的现象依然普遍存在。在苏南某市新一轮河道治理工作中,一边是政府紧锣密鼓组织清淤,一边是少数沿河居民同步向河道扔垃圾,清出的垃圾量是淤泥量的一倍,整治完成后也很难保证居民不继续倾倒垃圾。

四是考核欠科学。考核方式的科学性还是有待进一步改进。对地方河长考核主要以结果为导向,以水质改善目标为主。但水质改善并非朝夕可至,仅衡量短期内的水质结果,一定程度上可能引发反向效果,甚至会挫伤基层河长的积极性。因此,考核要考虑各地区自然禀赋、经济社会条件等诸多差异。

六、全面推进河长制的注意事项

英国知名经济学家和政治哲学家哈耶克认为,良好的制度、利益共享的规则和原则,可以有效引导人们最佳地运用智慧,从而可以有效引导有益于社会目标的实现。如果说,目前环保系统的垂直管理试点主要解决环保系统内纵向体制改革问题,那么全面推行河长制要破冰的就是如何建立横向的党委、政府及职能部门乃至社会各界的生态文明建设的体制机制问题。因此,今后河长制的推进更要着眼于树立整体性政府理念,实现各部门间的职能、结构和功能的转化、整合,搭建公众参与的多种渠道,推动社会共治。因此,全面推行河长制应该更加关注三个方面的建设。

第一,制(修)定法律法规,破解权责不等、协同失灵等难题,构建大环保格局。这次《意见》要求由多头管水的"部门负责"向"首长负责、部门共治"转变,由党政一把手管河湖,部门联防、区域共治,有利于最大限度地调动各级党政机关的积极性,更好地做好统筹协调推进。但是现行的制度设计仍然是以行政授权为主,强调的是"应然",而如何实现"必然",还需要进一步从法定授权源头予以解决。"守一而制万物者,法也"。今后在环保责任清单强调污染防治职能转移的同时,也要从法律规定上赋予地方政府及其职能部门相应的权利和手段,推进环境治理的跨区域跨部门协同机制的法定化。

第二,科学建立考核机制,破解公平公正难题,更好地落实生态环境损害责任追究制度。《意见》提出由县级及以上河长负责组织对相应河湖下一级河长进行考核,这个制度有利于破除"柿子捡软的捏"的倾向,直接锁定考核对象。但也要注意提高问责的科学合理性。因此,《意见》提出要实行差异化绩效评价考核、激励问责,同时也提出实行生态环境损害责任终身追究制。这就要求各级党政领导要统筹经济、社会发展和环境保护,在河湖开发建设工作中必须同步甚至优先考虑落实河湖保护政策措施,否则一旦造成损害会追责终身。新一轮河长制考核要充分总结已有经验教训,把握好尺度,切实落实好责任,公平合理,奖优罚劣。

第三,强化公众参与和第三方服务,破解政府失灵难题,建立社会共治体系。例如非政府组织(NGO)和民间河长等能在三个方面发挥出优势:一是有基础、有方法,能发动群众,深入宣传,广泛参与环境整治;二是有时间、有精力,能熟悉情况,发现问题,及时建言献策;三是有反馈、有落实,能排除干扰,持续跟踪,有效发挥监督。这些民间组织和民间河长是联系政府和百姓的桥梁,能弥补政府能力不足,可以让公众成为监督河道治理的第三只眼睛,成为社会共治的一股重要力量。因此,《意见》明确要建立河湖管理保护信息发布平台,向社会公告河长名单,接受社会监督,聘请社会监督员。

新一轮河长制,要更加关注并借助社会力量,弥补政府的缺位、越位和错位等问题,努力构建起政府、企业、公众三足鼎立、合作互补的治理格局。

第三章 河长制的内涵与要求

第一节 河长制的主要内容

江河湖泊具有重要的资源功能、生态功能和经济功能。近年来,各地积极采取措施,加强河湖治理、管理和保护,在防洪、供水、发电、航运、养殖等方面取得了显著的综合效益。但是随着经济社会快速发展,我国河湖管理保护出现了一些新问题。例如,一些地区入河湖污染物排放量居高不下,一些地方侵占河道、围垦湖泊、非法采砂现象时有发生。

党中央、国务院高度重视水安全和河湖管理保护工作。习近平总书记强调,保护江河湖泊,事关人民群众福祉,事关中华民族长远发展。李克强总理指出,江河湿地是大自然赐予人类的绿色财富,必须倍加珍惜。党的十八大以来,中央提出了一系列生态文明建设特别是制度建设的新理念、新思路、新举措。一些地区先行先试,在推行河长制方面进行了有益探索,形成了许多可复制、可推广的成功经验。在深入调研、总结地方经验的基础上,中央制定出台了《关于全面推行河长制的意见》。

《意见》体现了鲜明的问题导向,贯穿了绿色发展理念,明确了地方主体责任和河湖管理保护各项任务,具有坚实的实践基础,是水治理体制的重要创新,对于维护河湖健康生命、加强生态文明建设、实现经济社会可持续发展具有重要意义。

《意见》包括总体要求、主要任务和保障措施3个部分,共14条。主要内容包括:

(1)河长制的组织形式。《意见》提出全面建立省、市、县、乡四级河长体系。各省(自治区、直辖市)设立总河长,由党委或政府主要负责同志担任;各省(自治区、直辖市)行政区域内主要河湖设立河长,由省级负责同志担任;各河湖所在市、县、乡均分级分段设立河长,由同级负责同志担任。县级及以上河长设置相应的"河长制"办公室。

(2)河长的职责。各级河长负责组织领导相应河湖的管理和保护工作,包括水资源保护、水域岸线管理、水污染防治、水环境治理等,牵头组织对侵占河道、围垦湖泊、超标排污、非法采砂等突出问题进行清理整治,协调解决重大问题,对相关部门和下一级河长履职情况进行督导,对目标任务完成情况进行考核。各有关部门和单位按职责分工,协同推进各项工作。

(3)河长制工作的主要任务。河长制工作的主要任务包括六个方面:一是加强水资源保护,全面落实最严格水资源管理制度,严守"三条红线";二是加强河湖水域岸线管理保护,严格水域、岸线等水生态空间管控,严禁侵占河道、围垦湖泊;三是加强水污染防治,统筹水上、岸上污染治理,排查入河湖污染源,优化入河排污口布局;四是加强水环境治理,保障饮用水水源安全,加大黑臭水体治理力度,实现河湖环境整洁优美、水清岸绿;五是加强水生态修复,依法划定河湖管理范围,强化山水林田湖系统治理;六是加强执法监管,严厉打击涉河湖违法行为。

(4)河长制的监督考核。《意见》提出,县级及以上河长负责组织对相应河湖下一级河长进行考核,考核结果作为地方党政领导干部综合考核评价的重要依据。实行生态环境损害责任终身追究制,对造成生态环境损害的,严格按照有关规定追究责任。

落实《意见》将重点抓好三件事。

河长制是非常重要的制度,《意见》出台体现了党中央、国务院对河湖管理保护的高度重视。这个《意见》有很强的针对性和可操作性。《意见》里规定了六个方面的主要任务。河长制落实的主体是地方党委和政府,作为全国河湖的主管机关,水利部将会同有关部门坚决落实中央的决策部署,责无旁贷。要抓好河长制的全面推行,重点要抓好三件事:

第一,要细化、实化工作任务。水利部将会同环保部尽快制定出台贯彻落实《意见》的实施方案,指导各地抓紧编制工作方案,细化、实化工作任务。

第二,抓督促、检查。水利部要建立河长制的督导检查制度,定期对各个地方河长制实施情况开展专项督导检查。还建立了评估制度,2017 年年底要开展中期评估,2018 年全面完成的时候要开展总结评估。

第三,抓考核、问责。一方面将督促各个地方加强监督考核,严格责任追究,另一方面水利部将把全面推行河长制纳入到最严格的水资源管理制度的考核,并且组织对各地全面推行河长制的情况进行监督和评估工作。

全面建立河长制关键要做到三个"一"。

实行河长制的目的是贯彻新的发展理念,以保护水资源、防治水污染、改善水环境、修复水生态为主要任务,构建一种责任明确、协调有序、严格监管、保护有力的河湖管理保护机制,实现河湖功能的有序利用,提供制度的保障。全面建立河长制,关键要做到三个"一":

一是要有一个具体的工作方案。方案要把中央《意见》提出的工作目标进一步细化、实化。包括本地河长制的主要任务、组织形式、监督考核、保障措施等内容,并且要明确全省的总河长由谁担任,省内主要河流的河长由谁担任,要明确各项任务的时间表、路线图和阶段性目标。为此,首先要出台一个工作方案,要求省、市、县都要出台具体的工作方案。

二是要有一个完善的工作机制。河长制主要要突出地方党委、政府的主体责任,强化部门之间的协调和配合,要有一套完善的工作机制,要明确一个牵头部门,要有一个河长办,明确相关的成员单位,同时明晰各个部门之间的分工,落实工作责任,搭建一个有效的工作平台。

三是要有一套管用的工作制度。全面推行河长制需要一套完整的制度体系,包括河长会议制度、信息共享制度、公众参与制度、监督检查制度、验收制度和考核问责与激励制度等一系列制度。总之,要有一套完整管用的制度。

最后,河长制落实得好不好,关键还不在于有多少制度,也不在于出台的工作方案细不细,关键要看最后实施的效果好不好。就是要做到每条河湖有人管,管得住,管得好。

党中央、国务院着眼于治水的大局,做出了关于全面推行河长制的决策,对全面落实党中央、国务院关于生态文明建设、环境保护的总体要求和水污染行动计划具有十分重要的意义。

河长制是一种非常重要的决策创新、机制创新。通过河长制的推动,把党委、政府的主体责任落到实处,而且把党委、政府领导成员的责任也具体地落到实处了。通过这种责任的落实,领导成员都有各自的分工,大家会自觉地把环境保护、治水任务和各自分工有机结合起来,形成一个大的工作格局,把我国政治制度的优势在治水方面充分体现出来,就有利于攻坚克难。

水污染防治计划是面向未来三四十年,到 2050 年的国家水污染防治战略计划,明确了水污染防治的总体思路、目标任务、工作措施以及细化和分工,这是非常好的制度和机制的创新,必将有利于落实水污染防治计划。

环保部门推行河长制与落实水污染防治计划工作的举措,可概括为"一个落实、三个结合"。

一个落实,就是要按照中央关于全面建立省、市、县、乡四级河长体系的要求,把河长制的建立和落实情况纳入中央环保督察。同时结合"水十条"实施情况的考核工作,强化信息公开、行政约谈和区域限批,推动各地切实落实环境保护的责任,全面落实河长制,这是在全面落实的方面可以推动的工作。

第一个结合是与依法治污有机结合。前不久国务院会议审议通过了《水污染防治法》修正草案,将提请全国人大审议,修正案将为水污染防治工作提供更加强有力的法律支撑。环保部门将会按照新环保法、水污染防治法等法律法规的要求,依法行政、严格执法,为全面推行河长制提供有力的法律保障。

第二个结合是与科学治污有机结合。国务院发布了《"十三五"生态环境保护规划》,以落实这个规划为抓手,以改善环境质量为核心。环保部门将会立足流域的每一个控制单元,来统筹建立污染防治、循环利用、生态保护的综合治理体系,把责任细化到每一个治污的主体。环保部还会指导各地科学地筛选项目,务实、具体、有力地推动流域环境质量逐年改善、持续进步。

第三个结合是与深化改革有机结合。按照党中央、国务院的统一部署,环保部目前正在组织开展控制污染物排放许可制的改革,同时在部分流域探索建立按流域设置环境监管和行政执法机构的改革试点。环保部争取尽快形成一些可复制、可推广的经验模式,为全面推行河长制提供重要支撑和补充。

河长制有利于推动化工园区等产业的结构调整。河长制会把我国政治体制的优势发挥出来,有攻坚克难的作用。在水污染防治过程当中,遇到的一个很大的拦路虎,就是一些地方的产业结构比较重,布局也不够合理。当推动这些工作的时候,会遇到环境与发展两难的问题。如何统筹环境保护与经济发展、社会稳定,地方党委、政府具有这方面的能力,所以当党委、政府的责任落到实处,党委、政府领导成员对每一个河段都负起责任来的时候,相信统筹经济、社会发展和环境保护,推动一些像化工园区产业的结构调整、优化布局,就会更加有利。

各地实践表明,河长制能不能取得实效,其中很关键的一条就是考核是不是严格。考核的重点是要解决好三个问题：

一是要解决好考核谁的问题。《意见》规定县级及以上的河长负责组织对相应河湖的下一级河长进行考核，就是谁考核谁的问题，在《意见》里说得非常清晰。

二是要解决考核什么的问题。主要是考核推行河长制的进展情况。《意见》规定的六大任务是不是落实了，推行河长制的成效怎么样，原来是黑臭的水体，通过推进河长制的一段时间的治理是不是见到实效了。但是由于各个地方河湖面临的主要问题各不相同，有的地方河湖面临的是侵占河湖比较厉害，有的面临的是排污量比较多，污染比较厉害，所以需要各个地方根据实际情况来制定具体的考核办法。考核办法要体现问题导向。

三是解决考核结果怎么用的问题。《意见》提出要把河长制的考核结果作为地方党政领导干部综合考核评价的一个重要依据，上一级组织部门对下一级组织部门的领导干部要考核，河长制是一个重要的依据。如果造成生态环境损害，要严格按照有关规定追究相关责任人的责任，也就是追究河长的责任。

解决好这三个问题，这次河长制的实施，最后的考核一定能见到成效。

落实责任首先在于细化责任，国家《水污染防治行动计划》发布以后，环保部门做的第一件事就是与各省签订目标责任书，把水污染防治行动计划的目标任务、工作分工细化到各个地方。各个地方又参照国家的做法进一步细化到各个市、各个县，细化到基层，使每一级党委、政府，每一个治污的责任主体都承担相应的责任。

按照中央的统一部署，环保部正在推进中央环境保护督察，对照各自的责任检查落实情况。一些地方有这样或者那样的问题，问题的背后是责任不够落实，对相应的地方包括有关人员就涉及问责的问题。只要按照国家的有关法律法规、《水污染防治行动计划》的具体要求，把任务细化，通过河长制这样一个非常好的制度创新，进行良好的运转，再加上督察问责工作，计划一定会逐步落到实处。

河长制的实施没有改变原来部门之间的职责分工，原来是水利部门管的还是水利部门管，环保部门管的还是环保部门管，关键是搭建一个合作与协作的平台，在党委、政府的统筹和统一领导下搭建这样一个平台。河长制实施以后，在中央层面，水利部跟环保部协商，将一起成立一个部际联席会议制度，一些重大的问题要提交这个部际联席会议进行协调。

水利和环保关于水量、水质的信息共享，前几年已经开始着手做这项工作。每年水利部门的水文站监测的水质数据，都向同级环保部门提供，能够做到信息共享，作为水污染防治的一个重要依据。涉及一些水污染事件，比如一些突发的水污染事件，环保部门主导，水利部门配合，水利部主要做的，一是加强水质监测，二是加强工程的调度，来减少突发的水污染事件对经济社会的影响，这方面有很好的配合。河长制实施以后，水利和环保在水污染防治、水资源保护方面会合作得更好，合作得更顺畅，取得的效果会更好。

《意见》中提出，各省（区、市）要设立总河长，这个总河长由省委书记或者省长来担任，并且各个省（区、市）的行政区域主要河湖要设立河长，这个河长由省级领导担任。同时这些河湖流经的市、县、乡也要分级分段来设立河长，这个河长由同级的负责同志担任，可以是党委负责同志，也可以是政府负责同志，有的是人大、政协的负责同志，都可以，但不能是部门负责的同志来担任。这是这次《意见》对河长的设立，对谁来担任河长做了非

常具体和明确的规定。

河长制将推动河湖水域岸线保护利用管理工作。

水利部一直非常重视河湖水域岸线的保护利用管理,主要开展了三方面工作:

一是对全国主要江河重要河段全部编制了水域岸线保护利用规划。比如说长江上,水利部会同交通运输部、国土资源部联合编制了《长江岸线保护和开发利用总体规划》,这个规划对整个长江干流进行分区管理,分为保护区、保留区、可开发利用区、控制利用区,并且保护区、保留区占到64.8%,充分体现了习近平总书记提出的"共抓大保护、不搞大开发"的理念。

二是加强河湖管理范围的划定,是河湖管理保护的基础性工作。现在水利部不只在全国全面推进这项工作,对于中央直属工程,将与河长制开展同步推进,争取到2018年年底基本完成河湖管理范围划定工作。

三是加强日常监管和综合执法,通过一系列的措施来加强河湖水域岸线的管理保护。

河长制将更好地保障最严格水资源管理制度落实到位。

按照国务院部署,"十二五"期间,水利部门会同环保部、发改委等九个部门共同推进了最严格水资源管理制度的实施。从这几年推进情况看,效果非常明显。前一段水利部对"十二五"期末最严格水资源管理制度落实情况进行了考核,考核结果向社会进行了公告。总的来看,"三条红线"得到了有效管控,用水总量、用水效率和纳污控制指标都在"十二五"期间控制范围之内,各级责任也都明确落实到位。最严格的各项制度体系也都全部建立健全,全国从中央到地方层面一共建立100多项最严格水资源管理制度的管控制度。

这次中央出台河长制《意见》,对水资源保护、水污染防治、水环境治理等都提出了明确要求,作为河长制的主要任务,特别强调,要强化水功能区的监督管理,明确要根据水功能区的功能要求,对河湖水域空间,确定纳污容量,提出限排要求,把限排要求作为陆地上污染排放的重要依据,强化水功能区的管理,强化入河湖排污口的监管,这些要求与最严格水资源管理制度、"三条红线"、总量控制、效率控制,特别是水功能区限制纳污控制的要求,以及入河湖排污口管理、饮用水水源地管理、取水管理等这些要求充分对接。应该说,这次河长制在落实"三条红线"管控上,内容很具体,任务也很明确,责任更加清晰、更加具体到位。河长制的制度要求从体制机制上能够更好地保障最严格水资源管理制度各项措施落实到位,同时,"十三五"在最严格水资源管理制度考核的时候,要把河长制落实情况纳入到最严格水资源管理制度的考核,做到有效对接。

第二节　推行河长制的意义

江河湖泊是地球的血脉、生命的源泉、文明的摇篮,也是经济社会发展的基础支撑。我国江河湖泊众多,水系发达,流域面积 50 km² 以上河流共 45 203 条,总长度达150.85万 km;常年水面面积 1 km² 以上的天然湖泊 2 865 个,湖泊水面总面积 7.80 万 km²。这些江河湖泊,孕育了中华文明,哺育了中华民族,是祖先留给我们的宝贵财富,也是子孙后代赖以生存发展的珍贵资源。保护江河湖泊,事关人民群众福祉,事关中华民族长远发展。

第一，全面推行河长制是落实绿色发展理念、推进生态文明建设的必然要求。习近平总书记多次就生态文明建设做出重要指示，强调要树立"绿水青山就是金山银山"的强烈意识，努力走向社会主义生态文明新时代。在推动长江经济带发展座谈会上，习近平总书记强调，要走生态优先、绿色发展之路，把修复长江生态环境摆在压倒性位置，共抓大保护、不搞大开发。《中共中央 国务院关于加快推进生态文明建设的意见》把江河湖泊保护摆在重要位置，提出明确要求。江河湖泊具有重要的资源功能、生态功能和经济功能，是生态系统和国土空间的重要组成部分。落实绿色发展理念，必须把河湖管理保护纳入生态文明建设的重要内容，作为加快转变发展方式的重要抓手，全面推行河长制，促进经济社会可持续发展。

第二，全面推行河长制是解决我国复杂水问题、维护河湖健康生命的有效举措。习近平总书记多次强调，当前我国水安全呈现出新老问题相互交织的严峻形势，特别是水资源短缺、水生态损害、水环境污染等新问题愈加突出。河湖水系是水资源的重要载体，也是新老水问题体现最为集中的区域。近年来各地积极采取措施加强河湖治理、管理和保护，取得了显著的综合效益，但河湖管理保护仍然面临严峻挑战。一些河流特别是北方河流开发利用已接近甚至超出水环境承载能力，导致河道干涸、湖泊萎缩，生态功能明显下降；一些地区废污水排放量居高不下，超出水功能区纳污能力，水环境状况堪忧；一些地方侵占河道、围垦湖泊、超标排污、非法采砂等现象时有发生，严重影响河湖防洪、供水、航运、生态等功能发挥。解决这些问题，亟待大力推行河长制，推进河湖系统保护和水生态环境整体改善，维护河湖健康生命。

第三，全面推行河长制是完善水治理体系、保障国家水安全的制度创新。习近平总书记深刻指出，河川之危、水源之危是生存环境之危、民族存续之危，要求从全面建成小康社会、实现中华民族永续发展的战略高度，重视解决好水安全问题。河湖管理是水治理体系的重要组成部分。近年来，一些地区先行先试，进行了有益探索，目前已有 8 个省（区、市）全面推行河长制，16 个省（区、市）在部分市县或流域水系实行了河长制。这些地方在推行河长制方面普遍实行党政主导、高位推动、部门联动、责任追究，取得了很好的效果，形成了许多可复制、可推广的成功经验。实践证明，维护河湖生命健康、保障国家水安全，需要大力推行河长制，积极发挥地方党委、政府的主体作用，明确责任分工、强化统筹协调，形成人与自然和谐发展的河湖生态新格局。

全面推行河长制，必须深入贯彻党的十八大和十八届三中、四中、五中、六中全会精神及习近平总书记系列重要讲话精神，牢固树立新发展理念，认真落实党中央、国务院决策部署，坚持节水优先、空间均衡、系统治理、两手发力，以保护水资源、防治水污染、改善水环境、修复水生态为主要任务，全面建立省、市、县、乡四级河长体系，构建责任明确、协调有序、监管严格、保护有力的河湖管理保护机制，为维护河湖健康生命、实现河湖功能永续利用提供制度保障。

全面推行河长制，要坚持生态优先、绿色发展，坚持党政领导、部门联动，坚持问题导向、因地制宜，坚持强化监督、严格考核。生态优先、绿色发展是全面推行河长制的立足点，核心是把尊重自然、顺应自然、保护自然的理念贯穿到河湖管理保护与开发利用全过程,促进河湖休养生息、维护河湖生态功能。党政领导、部门联动是全面推行河长制的着力点,核心是建立健全以党政领导负责制为核心的责任体系,明确各级河长职责,协调各方力量,形成一级抓一级、层层抓落实的工作格局。问题导向、因地制宜是全面推行河长制的关键点,核心是从不同地区、不同河湖实际出发,统筹上下游、左右岸,实行一河一策、一湖一策,解决好河湖管理保护的突出问题。强化监督、严格考核是全面推行河长制的支撑点,核心是建立健全河湖管理保护的监督考核和责任追究制度,拓展公众参与渠道,让人民群众不断感受到河湖生态环境的改善。

第三节　河长制的工作重点

第一,强化红线约束,确保河湖资源永续利用。河湖因水而成,充沛的水量是维护河湖健康生命的基本要求。从各地的实践看,保护河湖必须把节水护水作为首要任务,落实最严格水资源管理制度,强化水资源开发利用控制、用水效率控制、水功能区限制纳污三条红线的刚性约束。要实行水资源消耗总量和强度双控行动,严格重大规划和建设项目水资源论证,切实做到以水定需、量水而行、因水制宜。要大力推进节水型社会建设,严格限制发展高耗水项目,坚决遏制用水浪费,保证河湖生态基流,确保河湖功能持续发挥、资源永续利用。

第二,落实空间管控,构建科学合理岸线格局。水域岸线是河湖生态系统的重要载体。从各地的实践看,保护河湖必须坚持统筹规划、科学布局、强化监管,严格水生态空间管控,塑造健康自然的河湖岸线。要依法划定河湖管理范围,严禁以各种名义侵占河道、围垦湖泊、非法采砂,严格涉河湖活动的社会管理。要科学划分岸线功能区,强化分区管理和用途管制,保护河湖水域岸线,对岸线乱占滥用、多占少用、占而不用等突出问题开展清理整治,确保岸线开发利用科学有序、高效生态。

第三,实行联防联控,破解河湖水体污染难题。人民群众对水污染反映强烈,防治水污染是政府义不容辞的责任。从各地的实践看,水污染问题表现在水中,根子在岸上,保护河湖必须全面落实《水污染防治行动计划》,实行水陆统筹,强化联防联控。要加强源头控制,深入排查入河湖污染源,统筹治理工矿企业污染、城镇生活污染、畜禽养殖污染、水产养殖污染、农业面源污染、船舶港口污染。要严格水功能区监督管理,完善入河湖排污管控机制和考核体系,优化入河湖排污口布局,严控入河湖排污总量,让河流更加清洁、湖泊更加清澈。

第四,统筹城乡水域,建设水清岸绿美好环境。良好的水生态环境,是最公平的公共产品,是最普惠的民生福祉。从各地的实践看,保护河湖必须因地制宜、综合施策,全面改善江河湖泊水生态环境质量。要强化水环境质量目标管理,建立健全水环境风险评估排查、预警预报与响应机制,推进水环境治理网格化和信息化建设。要强化饮用水水源地规范化建设,切实保障饮用水水源安全,不断提升水资源风险防控能力。要大力推进城市水生态文明建设和农村河塘整治,着力打造自然积存、自然渗透、自然净化的海绵城市和河畅水清、岸绿景美的美丽乡村。

第五,注重系统治理,永葆江河湖泊生机活力。山水林田湖是一个生命共同体。从各地的实践看,保护河湖必须统筹兼顾、系统治理,全面加强河湖生态修复,维护河湖健康生命。要依法保护自然河湖、湿地等水源涵养空间,在规划的基础上稳步实施退田还湖还湿、退渔还湖,着力保护河湖生物生境。要大力开展河湖健康评估,推进江河湖库水系连通,切实提高水生态环境容量。要积极推进建立生态保护补偿机制,加大江河源头区、水源涵养区、生态敏感区保护力度,对三江源区、南水北调水源区等重要生态保护区实行更严格的保护。加强水土流失预防监督和综合整治,建设生态清洁型小流域,着力构建河湖绿色生态廊道。

全面推行河长制是一项复杂的系统工程,必须强化组织领导、宣传发动和监督考核,广泛汇聚全社会力量,确保取得实实在在的成效。

第一,狠抓责任落实。各地要按照《关于全面推行河长制的意见》要求,抓紧编制符合实际的实施方案,健全完善配套政策措施。各省(区、市)党委或政府主要负责同志要亲自担任总河长,省、市、县、乡要分级分段设立河长。各级河长要坚持守土有责、守土尽责,履行好组织领导职责,协调解决河湖管理保护重大问题,对跨行政区域的河湖明晰管理责任,协调上下游、左右岸实行联防联控。

第二,强化部门联动。河湖管理保护涉及水利、环保、发展改革、财政、国土、交通、住建、农业、卫生、林业等多个部门。各部门要在河长的组织领导下,各司其职、各负其责,密切配合、协调联动,依法履行河湖管理保护的相关职责。各级水利部门和流域管理机构在认真做好河长制有关工作的同时,要切实强化流域综合规划、防洪调度、水资源配置和水量调度等工作。

第三,构建长效机制。因地制宜设置河长制办公室,建立河长会议制度、信息共享制度、工作督察制度,定期通报河湖管理保护情况,协调解决河湖管理保护的重点难点问题,对河长制实施情况和河长履职情况进行督察。健全涉河建设项目管理、水域和岸线保护、河湖采砂管理、水域占用补偿和岸线有偿使用等制度,构建河湖管护长效机制。

第四,加强依法监管。健全河湖管理特别是流域管理法规制度,完善行政执法与刑事司法衔接机制,建立部门联合执法机制,落实河湖管理保护执法监管的责任主体、人员、设备和经费,依法强化河湖管理保护监管。强化河湖日常监管巡查制度,严厉打击涉河湖违法行为,切实维护良好的河湖管理秩序。

第五,严格考核问责。根据不同河湖存在的主要问题,实行差异化绩效评价考核,将领导干部自然资源资产离任审计结果及整改情况作为考核的重要参考。县级及以上河长负责对相应河湖下一级河长进行考核,考核结果作为地方党政领导干部综合考核评价的重要依据。实行生态环境损害责任终身追究制,对造成生态环境损害的,严格按照有关规定追究责任。

第六,引导公众参与。建立河湖管理保护信息发布平台,公告河长名单,通过设立河长公示牌、聘请社会监督员等方式,对河湖管理保护效果进行监督。加大新闻宣传和舆论引导力度,提高社会公众对河湖保护工作的责任意识和参与意识,营造全社会关爱河湖、珍惜河湖、保护河湖的浓厚氛围。

第四章 国内省市实施河长制的实践

第一节 浙江省杭州市实施河长制的实践

近年来,杭州市认真贯彻落实浙江省委、省政府"五水共治"(治污水、防洪水、排涝水、保供水、抓节水)重要决策部署,以制度建设和创新为突破口,把河长制作为"五水共治"的长效管理机制和责任落实机制来抓,创新智慧治水、全民共治等方法手段,演好"政、企、民"三重奏,积极构建河长制杭州模式。

一、创新问题发现机制

一是重点督察发现问题。杭州市每月对已整治的黑臭河开展水质监测,根据结果向属地政府及河长发出"红、黄、橙"三色预警通报。建立预警督办跟踪机制,针对整改不力的,启动问责程序。

二是交叉互查发现问题。全市组织上下游、左右岸地区开展两轮互查,创新建立"发现问题的,被检查方扣分;存在问题未发现的,被检查方扣分,检查方加倍扣分"的交叉互查考核机制。截至目前,已发动基层相互发现和有效解决问题40个。

三是媒体监督发现问题。创新媒体深度督察,联合杭州文广集团 FM89"杭州之声"推出"问河长"等系列节目,通过记者对136名各级河长的明察暗访、名嘴主持人持续追问、线上万名听众新媒体互动,曝光问题河长30名,为全省河长制媒体监督提供样本。全市设立"今日关注"等电视、报纸曝光栏目,通过正面引导和反面曝光,提升各级河长主动履职意识。

四是公众监督发现问题。公众通过"杭州河道水质"APP 等"两微一端"随手拍反映问题,河长在5个工作日内整改回复。全市公布各级治水监督举报电话,建立各类河长工作微信群、QQ 群、微信公众号1 100余个,解决投诉建议5 800余件。

五是一线巡查发现问题。全市现有市级河长34名、区县级河长367名、镇街级河长1 607名、村社级河长2 281名,落实"市级每月不少于1次、区县级每半月不少于1次、镇街级每旬不少于1次、村社级每周不少于1次"的河长巡河制度。全市数万名党员结合"两学一做"开展护河义务巡查活动,同时5 800多名保洁员兼职信息员、1 418名民间河长、7 512名志愿者定期巡河实时发现问题,第一时间联系河长解决。

二、创新问题处理机制

一是落实快速交办处理。杭州市环保部门对微信群、QQ 群交办的问题要求当天处理反馈,媒体反映交办的问题隔日反馈,公众留言交办的问题在 5 个工作日内反馈。

二是推进最严格执法监管。落实"五个一律"和一案双查,2016 年 1~11 月环保部门立案查处环境违法案件 1 652 件,做出行政处罚 8 119.255 3 万元,移送公安机关 38 件,已刑事拘留 3 人、行政拘留 24 人,实施查封扣押 51 件,实施限产停产 4 件。

三是实施年度重点任务月度通报。督促各级河长掌握重点任务进展情况,及时协调推进完成进度。全市已经全面完成整治垃圾河 73 条、黑臭河 277 条,消除沿河排污口 9 100 余个,实现全部集中式生活污水处理厂一级 A 排放,基本实现"西部四县全域可游泳、城区晴天污水零直排"。

四是建立重点问题清单和销号制度。开展涉河问题全面排查,对 20 个方面的问题列入重点问题清单,实行完成逐一销号,目前正在积极推进解决。制定《杭州市五水共治"十三五"规划》《杭州市污水系统近期建设规划》《杭州市市政配套管网、泵站等设施建设三年行动计划》《杭州市清水入城工程三年行动计划》《杭州市主城区截污纳管工作及雨污分流工作三年行动计划》等,实现重点项目 947 个全部清单化管理。

五是推动难点问题协调。由河长牵头协调,推动原因互查、工程同步、成效共享,解决了月牙河配水等 20 余个跨区域的难点问题。完成水环境应急人员网络、应急预案库、应急专家库、应急物资库的"一网三库"建设,提高河长协调问题的快速反应能力。

三、创新智慧监管机制

一路前行,杭州市创新开发了河长制信息管理平台及 APP,积极构建集信息公开、公众互动、社会评价、河长办公、业务培训、工作交流等"六位一体"的水环境社会共治新模式。平台总浏览量达 90 多万人次,乡镇级河长全部注册使用,发布治水新闻动态 1 000 余条。

一是河长制信息阳光化。平台建立河长制电子公示牌,向社会全面公开全市 1 845 条乡镇级以上河道的河长制信息,包括河道"一河一策"和年度治理计划等。在河道边竖立河长公示牌 2 267 块、入河排水口标志牌 46 445 块,并都建立名录纳入清单化管理。

二是河道水质监测公开化。杭州市环保部门率先在全省实施对全市范围乡镇级河道水质的每月一次监测,并将监测数据全部向社会公开,已公布水质监测数据 20 余万条,全面接受社会监督。

三是联系河长便捷化。全面公开乡镇级河长手机号码,公众可一键直拨河长,有效解决了实地寻找公示牌难、寻找河长难、记河长号码难等困扰。

四是河长履职透明化。出台《杭州市河长制信息化系统使用管理规定》,全市乡镇级河长实行网上签到、网传巡查日志记录、处理投诉建议等线上办公,执行情况纳入考核打分。

五是社会监督精准化。实现河长履职信息公开、举报建议处理信息公开并开放公众满意度评价。省、市、县各级监管部门、人大政协、新闻媒体、公众等充分利用平台信息开展监督,并从数据中发现问题,由问题推进治理,推动了科学治水、区域联动治水。

四、创新指导服务机制

针对河长"全部兼职、身份多元"的特点,杭州市多渠道提供培训指导,帮助河长从原先的"门外汉"逐步成长为治水、管水、护水的"行家里手"。

一是编写河长用书。梳理出版《河长制工作百题问答》,编印法律法规和文件选编、制度选编等河长系列工作参考用书 3 万余册,指导河长快速进入角色。

二是组织河长培训。采取集中业务培训、线上线下答疑、专题讲座等方式,送服务到基层,目前已累计培训 51 场次,受训河长达到 1 万余人次。

三是创新智慧河长管理。通过河长制信息化管理平台和 APP 的"每日一问""新闻动态"栏目,宣传典型经验、科学治水、特色亮点,开展经验交流、在线答疑等,促进河长练好内功。

四是评选优秀基层河长。通过各地推荐、网络投票、专家评审等环节层层筛选,产生杭州市 2015 ~ 2016 年度优秀基层河长共 63 名,树立河长履职标杆,明晰河长考核标准;优秀河长提拔重用 286 名,其中提拔任用到县区级领导岗位 13 名。

五是加强河长制宣传。制作河长制工作纪录片、APP 使用宣传片、微电影、微杂志等,通过电视、网络等多种渠道广泛推送,树立"比、学、赶、超"的河长典型。余杭区宣传报道 18 期的治水先锋,淳安县开展社会公开评选 30 名最美治水先锋,大大激发广大河长的治水积极性和担当意识,在实践中打造一支过硬的治水铁军。

五、创新社会联动机制,推动公众参与

推行河长制,顶层设计有了,社会共识不缺,如何落实才是关键。对此,杭州市不断创新社会联动机制,推动公众参与的积极性。

一是召开"政企民"联动大会。杭州市广泛动员政府、企业、公众、社会组织等参与,推广民间河长结对治水。

二是人大政协助力治水。市人大组织开展农村生活污水治理、饮用水保护等专项督察;市政协建立 9 个民主监督推进组,召开"还我一方清水"专题座谈会,开展万名委员参与治水行动。

三是部门主导治水。市直机关开展"保障 G20·机关作表率"省、市、区三级联动活动;江干区开展电视"问河长"、河长论坛等活动;8 个区县开展河长固定活动日等活动。

四是企业参与治水。全市企业参与治水捐资达 2 亿元,第三方检测机构积极参与河道水质监测,民营企业投资包干河道治理。

五是民间聚力治水。五水共治先锋护河队在 80 个社区开展宣传讲座。全市开展"跟着河长去巡河"活动,临安市成立夜间志愿护河队,余杭区组建 425 人的巾帼护河队等。江干区城东中学 500 名学生认养 7 条河道;西湖区学校开展"小手牵大手、共绘家乡水"活动;滨江区学生开展全市河道水质监测活动,得到了浙江省委领导的肯定。

六、创新小微整治机制,消除盲区死角

随着深入推进治水,小沟渠、小池塘等小微水体逐渐成为曝光问题的重点。杭州市率

先在全省启动小微水体整治,抓小河、保大河,推动全面治水。

一是分类排查建立清单。全面排查小微水体的类型、位置、规模、水质,摸清污染源情况,排查出小沟渠 8 694 条、小池塘 9 766 个,建立小微水体清单。

二是推行网格化管理。明确小微水体管理责任,以属地村(社)两委主要负责人为第一责任人,落实长效管护机制。建德市率先设立沟渠(池塘)长及公示牌,制定沟渠(池塘)长工作制度,江干区设立渠道(池塘)长,上城区推出"渠长制"和"井长制"等。

三是明确整治标准。出台小微水体整治要求,参照"清三河"标准,明确"五无"要求(无违法排污、无集中漂浮物、无垃圾渣土、无明显臭味、无违章建筑物)。

四是问题水体全面整治。将 1 450 个小沟渠、1 437 个小池塘列入问题清单。各区县制订小微水体整治方案,目前已全面完成整治。

五是绘制村(社)水系图。运用手绘、CAD 制图、谷歌地图、等高线制图等方式,绘制全市小微水体分布的"一村(社)一图",以镇街为单位汇总成册,完成现代版《水经注》。

七、落实责任追究机制,强化担当有力

一是河长履职约谈。对河长履职不到位的,开展约谈转变河长履职态度和作风,市、区两级先后约谈河长 100 余人次。

二是市长率队约谈。市长、副市长及市纪委、市考评办共同约谈 3 名治水工作滞后的区县主要领导。

三是重点问题督办。针对《今日聚焦》等媒体曝光、"三色预警"督察、重点项目推进等发现的问题进行督办,实施督办 112 件,其中挂牌督办 5 件。

四是市长亲自督办。对市治水办督办整改不力的升格督办规格,由市长签发"五水共治"督办单 41 件(次),对 20 个地区、11 个部门的"一把手"实施市长督办。

五是纪委执纪问责。市纪委通过"公述民评"等方式,连续 4 年组织治水电视问政,对治水相关职能部门和各区、县(市)开展"面对面"问询。全市有 130 余名干部因治水工作不力被纪委问责,其中市管干部 3 名。

主要成效:三年来,杭州市"五水共治"和河长制工作有序推进,取得了阶段性的成效,治水带来了杭州经济发展方式、城市发展方式、公众生活方式的重大转变。

水质提升显著:目前杭州市黑臭水体已全面消除,城区达到或优于Ⅴ类水体的比例上升了 40%,西溪湿地水体透明度达到近 2 m,为开园 10 多年来透明度最优;西部 4 县(市)基本实现全域可游泳;全市三大流域中,钱塘江杭州段成为全省 8 大流域中第一条全线水质达到Ⅲ类的河流,苕溪功能区达标率 100%,运河出境断面全部优于Ⅴ类;至 2016 年 10 月,市控以上断面达标率 89.4%,比 2014 年上升 14.9%;全市出境断面考核连续两年优秀,达标率较 2014 年上升 20%。2016 年以来,城市内河水质也普遍改善 1~2 个类别,为近些年来最好水平。

民生改善明显:杭州基本消除"暴雨看海"的局面,城市防洪排涝能力大幅提升;全市"一源一备"水源格局基本形成,自来水深度处理能力不断增加;昔日的垃圾河、黑臭河变为人文河、景观河,百姓治水获得感明显增强。

产业转型加速:富阳区造纸吨纸耗水由 20 万 t 下降到 8 万 t,产品也由低端的白板纸

向食药用高端用纸转型;萧山区印染吨布水耗下降 25%;余杭区关停 600 余万 m² 的黑鱼养殖和 157 万 m² 的甲鱼养殖,种上莲藕后变身万亩荷塘,生产的藕带产值大大高于养鱼,产业转型效益明显。临安市传统节能灯产业也向无污染的 LED 产业转型。全市完成 6 000 余家养殖场整治,关停猪场 6 681 家,压减生猪存栏量 37.3 万头。2016 年是浙江省委、省政府确定的水环境治理三年解决突出问题的决战之年,也是中央明确全面推行河长制的开局之年。未来,杭州环保人将始终奔着问题去、坚定朝着目标走,通过河长制进一步落实责任、凝聚力量,推动社会共治,真正提升公众的环境获得感,为浙江省治水经验提供杭州样本。

第二节 山东省烟台市实施河长制的实践

山东省烟台市自 2013 年 9 月全面推行河长制管理工作以来,通过提出细化制度保障、明确工作重点、强化资金保障、强化考核检查、加强工作监督等措施,取得了一定成效。

一、主要做法及成效

(一)加强立法工作,重点领域形成法制保障

(1)拟定《烟台市区饮用水水源环境保护条例》(草案),为增强条例的规范性、科学性,先后向环保部、北京大学法学专家征求意见建议。按照十二届全国人大常委会五年立法规划,《中华人民共和国水污染防治法》(修订)将于 2017 年审议发布。鉴于此,烟台市正组织有关单位继续深入调研,待上位法修订施行后启动水源地地方立法工作。

(2)出台《烟台市城镇建筑垃圾管理办法》。2014 年 2 月,烟台市政府下发《烟台市城镇建筑垃圾管理办法》,对城镇建筑垃圾进一步加强管理,切实维护城市市容和生态环境。通过对建筑垃圾实行核准审批、分类处置,在全市范围内推行"村收集—镇转运—县处理 + 生活垃圾"一体化处理模式,逐步引导生活和建筑垃圾的集中收集处置走上正轨,杜绝随意倾倒现象。

(二)科学编制规划,做好实施工作

(1)编制《烟台市区饮用水水源地保护规划》。2014 年,烟台市委托中国科学院烟台海岸带研究所编制完成《烟台市区饮用水水源地保护规划》,规划实施门楼水库及其流域保护治理 10 大类、23 项重点工程,不断加大水源地环境治理和保护力度,逐步建立起科学、有序、长效的水源地保护工作机制。

(2)编制《烟台市区及大沽夹河流域水资源保护规划》。不断加强水资源保护基础研究工作,先后完成了全市 100 km² 以上河流水功能区划,编制完成《烟台市区及大沽夹河流域水资源保护规划》,明确了主要河流水功能区及水质保护目标、规划措施,为市区水资源保护提供技术支持。

(三)加强制度建设,形成管水治水长效机制

(1)严格入河排污口审批制度。严格按照规定要求,实行"六不批",即在饮用水水源保护区、在省级以上人民政府要求削减排污总量的水域内,对入河排污口设置可能使水域水质达不到水功能区要求,入河排污口设置直接影响合法取水户用水安全,入河排污设置不符合防洪要求,不符合法律、法规和国家产业政策规定等情况的,不予审批入河排污口。近年未审批新设入河排污口。

(2)建立水功能区水质达标率考核制度。按照实行最严格水资源管理制度要求,将限制纳污作为最严格水资源管理制度"三条红线"之一,自2013年起,将水功能区水质达标率纳入最严格水资源管理制度考核,每年年初下达水功能区水质达标率控制目标,年底根据水文部门监测结果进行考核。2016年又纳入"烟台市三考核两上榜"和"水资源管理保护"考核指标体系。在2013年和2014年省对市考核中,烟台市都取得优秀等次。

(3)完善河长制管理考核检查制度。依据《烟台市河道及水源地环境治理工作考核办法》,加大考核检查力度,抓好日常考核和年终考核评比,实现考核工作常态化、标准化。对于日常考核情况,建档备案并定期通报;对于年终考核结果,上报市政府,并通过媒体向社会公布。对考核不合格的县(市、区)要求向市政府做出说明、提出整改措施。

(4)建立完善生态补偿机制。按照"谁受益、谁补偿"原则,自2014年开始设立水源地保护治理专项资金,每年从6个受益区筹集专项资金6 000万元,主要用于水源地保护治理项目建设补助、水污染治理和环保设施建设等,拓宽水环境治理资金渠道,增强保护水生态的责任感和主动性。

(四)坚持问题导向,推进重点项目建设

《烟台市区饮用水水源地保护规划》中确定的门楼水库及其流域保护治理10大类、23项重点工程,目前已经完成镇村新型社区污水处理设施、栖霞开发区污水处理厂、城乡环卫一体化等7项。水源涵养林、生态农业等12项正按计划推进,已完成水源地区域119家畜禽养殖场的关停取缔,推广水肥一体化5.6万亩(1 亩 =1/15 hm^2,下同)、有机肥4.75万亩,完成测土配方施肥17.6万亩;建设农村沼气工程3.5万 m^3,带动"畜—沼—果"生态循环农业面积2万多亩,有效降低了流域内化肥和化学农药施用强度。白洋河治理、楼底河和镇泉山河治理、库中水体减氮等3个项目正在启动。

(五)注重宣传引导,强化公众监督

(1)聘请人大代表担任监督员。为全面做好水源地环境治理工作,市人大聘请36名人大代表担任监督员,分成9个监督组,划定具体监督区域,定期组织人大代表到所负责区域对河道及水源地环境治理情况进行实地巡查监督。每年市人大至少召开两次规格较高的人大专题询问会议,不断加大监督力度。

(2)加强公众监督。通过在沿河竖立河长公示牌,在报纸、网络等媒介发布河长制管理实施情况,强化对河道及水源地环境治理宣传,充分调动起群众关注、参与和监督的积极性与主动性,提高群众对河长制的知晓率,建立起群众广泛参与、举报投诉渠道畅通的运行机制,实现群防群治效果。

二、全面推行河长制管理的相关建议

(一)细化制度保障

(1)建立完善约谈制度。完善落实"一把手"约谈制度,对未履行或未全面正确履行职责,或未按时完成年度工作任务的,进行约谈督促,确保在水环境治理工作中做到制度到位、人员到位、责任到位。

（2）建立完善问责制度。党政主要领导担任"河长""河段长"不是挂名，而是明确责任、卡实责任。建立完善问责考核制度，将河长制责任落实、水源地保护等纳入党政领导干部生态环境损害责任追究、自然资源资产离任审计等。

（3）建立完善企业参与制度。在推进河长制管理的同时，鼓励引导沿河企业加快调整产业结构，改变传统落后的生产方式，关停超标排污设备，寻求清洁生产方式，促进循环经济发展，带动民间治水力量，提高企业、群众的参与积极性。

（二）明确工作重点

针对水污染严重、河道长时间没有清淤整治、企业违法排污、农业面源污染严重等现象，开展一批治污、漂浮物清理、河道整治等工程。

（1）加强河道排污治理。强化对污染源的防控，完善污水管网配套等基础设施建设，提高污水处理能力，加快研究解决河道排污问题，形成长效措施，着力解决污水直排等问题。

（2）加快畜禽养殖场清理。对河道及水源地周边 500 m 范围内的畜禽养殖场，分期分批实施关停取缔，按期完成清理取缔任务。推广畜禽粪污无害化处理和资源化利用新模式、新技术，提高畜禽粪污的综合利用率和达标排放率，减少畜禽粪便对河流水质的污染。

（3）加大农业面源污染治理力度。倡导发展生态农业，引导农户使用有机肥种植和生物杀虫技术，逐步推广实施水肥一体化种植。推广建设农村沼气工程，建设"畜—沼—果"生态循环农业。同时建立完善农业固体废弃物的回收机制，减少固体废弃物污染。

（三）强化资金保障

（1）加大投入力度。结合生态文明城市建设等工作，争取更多的河道及水源地治理项目纳入上级"大盘子"。加大资金投入力度，根据需要积极筹措项目资金，探索多渠道筹资方式，引导更多的社会资金投向河道及水源地环境治理。在重点流域探索创新专项转移支付方式，实施"以奖代补"政策。

（2）拓宽投资渠道。建立健全以合同约束、信息公开、过程监管、绩效考核等为主要内容的 PPP 制度体系。以饮用水水源地环境综合整治、城市黑臭水体治理、工业园区污染集中治理、城镇污水处理及管网建设、河流湖泊生态环境综合治理等为重点，推广运用 PPP 模式。按照"谁投资、谁受益"原则，引导和鼓励民间资本参与生态建设和污染治理，逐步建立政府引导、市场推进、社会参与的多元化投入机制。

（四）强化考核检查

（1）落实考核制度。将河道及水源地环境治理纳入生态文明建设、环境保护工作考核体系，列入为民服务实事项目，加强对水环境治理和河长制管理工作的考核，突出考核的导向、激励、约束作用，实现考核工作常态化、规范化。

（2）严格兑现奖惩。严格执行《环境保护重点事项督察调度和考核问责暂行办法》和《河道及水源地环境治理工作考核办法》，对水环境治理重点工程项目进展顺利、达到进度要求的，适当安排水生态补偿资金予以补助；对进展缓慢的，要视情况进行通报批评、约谈、挂牌督办；对未达到进度目标的，要对所在区域实行涉水项目限批，并追究相关单位及人员的责任。

（五）加强公众监督

广大群众既是水环境治理的受益者，也是重要的参与者和监督者。要充分利用各种媒体、采取多种形式，加强相关法律法规宣传教育，增强全民环境意识和法制观念，提高社会各界保护水环境的自觉性和积极性。要健全信息发布机制，畅通举报投诉渠道，鼓励引导广大群众积极参与和监督水环境治理工作。要大力推广工作中涌现出的好经验、好典型，适时曝光严重破坏水环境的违法违规行为，营造人人珍爱水环境、重视水安全的浓厚氛围。

第三节　江苏省徐州市实施河长制的实践

徐州市地处江苏省西北部，境内河网交错，水系复杂，以废黄河为界分属沂河、沭河与泗水（沂沭泗），废黄河及濉安河三个水系，素有"洪水走廊"之称。境内水利工程众多，有微山湖和骆马湖两个天然湖泊，中小型水库72座，大沟级以上河道1 233条（其中省骨干河道97条），大中型泵45座，大中型水闸125座，复杂的水系导致河道工程建设、调度运行和日常管理梏桔重重。

一、市区河道管护存在的问题

（1）综合治理难度较大。徐州市区河道沿线环境复杂。河道大多位于老城区，两岸土地属性不同，建筑密集，其中还有棚户区、城中村濒临河道两岸，导致河道综合治理比较困难。主要反映在河道拓宽拓深难、水体流动难、河道清淤难、截污管网铺设难、两岸拆迁难。

（2）交叉管理问题严重。全市河道点多、面广、线长，部分河段形成死角、死面，多数河道的水利工程、堤防绿化、道路设施、卫生保洁由多部门分别管理。而跨界及边界河道相邻水域管理有交叉，部门之间缺乏沟通合作，河道违法案件往往不能及时发现和查处，存在推诿扯皮现象。

（3）水质污染问题比较突出。徐州市经济不断发展，但治污规划相对滞后，尚未形成完整的排水体系，雨污混流现象十分严重，城市防洪安全和水环境保护有冲突。部分河道存在淤积、渔网和漂浮垃圾，河道富营养化程度增高，水生植物茂密，水质恶化。城市河道对污染物的自净能力差，不能满足功能水质的要求。

（4）日常管理工作力度不够。一是执法难、执法力度不够助长了违法现象的滋生和蔓延；二是工作目标不够明确和细致，致使管理缺少抓手；三是河道管理人员少，经费不足、手段落后、效率低下。

（5）河道保护意识比较淡薄。突出表现在对河道的保护意识不强，对破坏水环境的严重性认识不够，特别是在较偏僻的河道，擅自占用岸线、缩窄河道、侵占水域、违章搭建、垃圾乱倒现象时有发生。

二、采取的主要措施

（一）抓好"五个落实"

近年来，徐州市紧紧抓住被列入全国首批"水生态文明城市建设试点市""河湖管护体制机制创新试点市"等契机,以水生态文明建设为主线,以河长制管护制度为抓手,以水行政执法为保障,坚持把维护河湖健康生命作为现代水利建设的战略性任务,建管并重,市区河道存在的主要问题正逐步得到解决,全市水环境也持续得到改善。徐州在推进河长制实施方面,突出"五个落实":

(1)落实河长制。徐州市管河道明确两级河长,分别为市级河长和河道流经县(市、区)的县级河长(如市直管奎河、故黄河市区段市级河长分别由徐州市委书记和市长亲自担任,区级河长分别由各辖区区委书记和区长担任)。徐州市除了江苏省规定的 97 条骨干河流外,把全市 1 233 条大沟级以上河道、72 座中小型水库、46 个重点塘坝全部纳入河长制管护工作范围。通过在媒体公布河长名单、在河岸显要位置设立河长公示牌,明确河长职责、管理标准、管护单位、监督电话等,接受公众监督,各级河长切实履行职责,重视统筹协调工作。

(2)落实管理机构。根据徐州市政府要求,2013 年 7 月徐州市水利局整合市区河道管理力量,成立徐州市市区河道管理处(正科级全额事业单位),统一市区主要河道的管理,负责各区管河道的监管和考核工作。

(3)落实管理人员。市区河道管理处核定编制 24 人,目前实有 21 人,全部人员实行竞聘上岗。根据规范要求,设置了相应管理职能科室,制定了部门工作职责、人员岗位职责和考核制度,各区河道管理机构也相应配备职能科室和管理人员。人员各司其职,各项工作上下联动,层层落实,有序开展。

(4)落实管理制度。为保障河长制管护制度有效推进,市区河道管理处创新管理模式,在完善单位基本制度的基础上,通过采取"一河一档管理制度""整改督察制度""河道指导监管细则"等措施,明确督察、问题发现和整改结果通报程序,为日常河道管理、监管、考核、支付提供制度依据。

(5)落实管护经费。根据市政府文件要求,按照属地管理原则,徐州市直管的故黄河、奎河等河道,运行经费由市财政负担;云龙、泉山、鼓楼 3 个主城区河道管护经费由市财政局根据考核结果给予 50% 经费补助;铜山区、新城区、经济技术开发区等管理的河道,管理运行经费由各区承担。管护经费的落实,为开展各项工作提供了有力的资金保障。

(二)抓好协调和管理

(1)河长化协调。根据河长制联席会议机制和考核规定,每年由徐州市委、市政府督察室牵头,会同监察、财政、环保、水务等部门,对全市河道管护工作进行跟踪督察和考核,督察情况定期通报。市区河道管理处负责编撰《市区河道管理简报》,定期向各级河长和相关部门汇报市区河道工作开展情况,通过简报平台加强沟通交流,汇报问题,宣传亮点,曝光不足,督促整改,河长化协调解决了河道管理中存在的管理力度不足和推诿扯皮等问题。

(2)市场化保洁。随着管护资金落实到位,至 2014 年 3 月,徐州市区主要河道保洁养护已全面实行市场化管护,相应的监管考核也随之加强。市直管河道实现道路保洁、河面打捞、绿化养护等市场化全覆盖,即"一把笤帚扫到底"。特别是河道保洁养护的市场化,积极引入专业化保洁养护队伍,提高了河道日常管理水平,有效保护了水环境,市区主要河道保洁养护逐步实现规范化、常态化和长效化。

（3）标准化管护。2014年5月，徐州市在江苏省率先出台了《徐州市城市河道保洁质量标准（试行）》（徐政办发〔2014〕79号），2015年7月印发《徐州市城市湖泊保洁质量标准（试行）》。两个质量标准都明确了适用范围，提出了设备和人员配置、作业规范、质量标准、垃圾收集与运输等具体要求。按河湖功能的重要性、工程等级和地理位置等综合因素，将河湖划分为A、B、C三个等级，根据市水利局《关于明确市区河道保洁等级的通知》，进一步确定了每条河道的保洁等级和标准要求。保洁质量标准的出台，使日常考核有章可循，考核标准和要求有据可依，极大促进了徐州城市河道科学、规范和长效管理。

（4）长效化监管。在市水利局成立河道管理机构的基础上，为保证对各区河道实施监管有抓手，根据市政府要求，各区也成立了河道管理所与市区河道管理处对接，协调解决区级河道管理工作，并对乡镇（办事处）所管河道实施监管指导。各级河道管理机构都明确了目标任务和工作职责，完善了各项制度，有效解决了交叉管理问题，确保河道管理工作逐级监管到位。

（5）综合化执法。为加强基层单位执法力量，徐州市水利局水政支队下设10个执法大队，并专门成立第四大队，负责对市区河道运行秩序执法管护。统一定期培训，要求每位执法人员熟知水法规，科学执法；加强水环境保护宣传和执法巡查力度，提高市民对水环境保护意识，及时处理河道违章违建等水事案件；重大案件实行水警、支队、大队联合执法，保障了市区河道管护秩序和运行环境良好。

（6）考核化评比。徐州市政府把河长制管护工作纳入地方科学发展目标考核，督促河道综合治理工作的推进和落实。考核工作由市委督察室牵头，考核力度大、层次高；考核结果直接与地方领导班子绩效考核和干部调动提拔挂钩。同时加强河道日常管护和经费兑现方面的考核，2013年11月，徐州市水利局、财政局联合制定了《徐州市市区主要河道管理考核办法》，明确考核对象、考核内容、考核办法和考核补助资金的兑现等，并从组织管理、经费落实、河道保洁、河道养护、行政执法、安全生产和其他管理等七个方面细化考核标准与评分原则。市财政局根据考核结果，依据相关程序和标准按季度向各区财政核拨市级补助经费，为河道长效化监管提供抓手。

三、主要经验

（1）领导重视，管理体制到位。徐州市委、市政府高度重视河长制落实效果，针对市区河道管理体制不顺、权责不清、河道环境面貌相差较大的实际情况，市政府专门下文，理顺管理体制，推进河长制。明确了管理机构、管理范围、管理权限、标准和责任，使河道管理有政策依据、有机构人员抓手、有管护资金支持，为提高河道管护水平提供了制度基础。

（2）协调及时，工作效率到位。河长制管护制度，最大限度地调动了各种资源（市、区级财政资金投入）、各方力量（协调市、县、乡镇各级联动）参与河道管护工作，通过联席会议制度，处理和解决问题的效率明显提升。作为河道管理单位，应充分用好这个平台，加强日常协调沟通，及时解决问题；细化工作目标任务，优化工程科学调度和管理措施；促进河道管护手段不断创新，使河道管护水平和工作效率逐步提高。

（3）制度健全，管护抓手到位。为进一步提升市区河道管理制度化，徐州市市区河道管理处认真研究适合主要河道日常管理的办法和监督机制。在制定出台"质量标准"和"考核办法"等制度的基础上,积极探索和创新工程建设、维修养护、工程运行等方面的建设和管理模式,严格规范工程建设程序,确保工程正常运行;在日常管理方面,制定了《河道保洁操作规范流程》《河道巡查问题处理整改程序》等,对河道管理工作职责、标准、流程,巡查考核内容,巡查频率,巡查结果利用及整改落实,都提出了具体要求。通过出台一系列规范标准,逐步提高了河道管理的规范性。

(4)资金保障,市场化推进到位。管护资金的保障对河道保洁养护市场化起到了推动作用。在市区主要河道全部实现市场化管理的基础上,其他各区管河道也陆续实施市场化管护。通过"政府购买服务"的方式,选择专业保洁养护队伍,使河道管护逐步专业化、常态化和长效化。

河道管护不仅关系工程的日常运行和防洪安全,还体现了综合管理水平的高低。因此,河道管理单位要深入贯彻落实科学发展观,坚持人水和谐的治水思路,树立由"管理型"向"服务型"转变的理念,实现河道管理常态化、规范化、科学化,从而保障河道防洪安全,提升城市水环境,促进城市生态空间山清水秀。

第四节　北京市实施河长制的实践

为深入贯彻落实中共中央办公厅、国务院办公厅《全面推行河长制的意见》精神,按照水利部、环保部《关于印发贯彻落实〈全面推行河长制的意见〉实施方案》要求,2017年4月13日,北京市政府审议通过了《北京市进一步全面推进河长制工作方案》。按照党政同责的要求,建立了市、区、乡镇(街道)、村四级河长体系,根据中央六大任务,结合北京实际补充完善了河长"三查、三清、三治、三管"的工作任务。市水务局组织各区政府推进区级工作方案的同时,进一步完善市河长制办公室机构建设,建立了河长制考核制度,制订了流域河长制实施方案(一河一策实施方案),6月7日,以河长制为抓手启动了一河一策治理督导检查工作。具体措施如下。

一、完善河长制机构建设

北京市委组织部、市编办、市水务局根据《北京市进一步全面推进河长制工作方案》,明确了市河长制办公室主要职责,包括:依据市总河长、市级河长的决策部署,贯彻国家有关法律法规和政策措施,落实责任主体;组织各成员单位开展监督、检查、考核、奖励工作等。在市水务局增设1个河长制工作处,设行政编制8名。同时,针对设市级河长的12个流域成立了12个市河长办公室,配合市河长制办公室统筹流域管理,建立问题台账,实行挂账督办,为市级河长开展工作提供技术支撑。

二、建立了河长制考核制度

北京市制定了《北京市河长制考核办法》,确定了河长制考核对象、考核内容、考核方式,每年按照当年工作重点出台河长制工作考核方案和评分标准。对各级河长的考核将采取百分制,具体考核标准根据年度工作重点实行动态管理。凡是发生重大恶性水环境事故、造成重大社会影响的,在各区原始得分的基础上,根据影响程度每次酌情扣 1～10 分。按照最终得分值,将考核结果划分为优秀、良好、合格、不合格四个等级。考核结果将上报北京市委、市政府,纳入 16 个区经济社会实绩考核评价体系,作为考核评价班子和干部的重要依据。出现重大水环境污染事件时,直接问责河长,造成生态环境损害的,严肃追究相关责任人责任。如 2017 年以河长制组织体系建设、黑臭水体治理、排污口治理和面源污染治理为工作重点,细化各任务权重和评分标准。同时,进一步完善河湖生态环境月检查月通报制度,将排污口治理、黑臭水体治理纳入全市 425 条河 2 319 个点重点检查内容,跟踪任务推进情况。

三、推动工作机制建设

一是制定了河长制会议制度,包括市总河长、市级河长会议制度和市级河长制办公室成员单位联席会议制度;二是制定了河长制巡查制度,明确了乡镇(街道)、村级河长定期巡查和巡查员日常巡查制度;三是制定了河长制督导检查制度,完成了 2017 年河长制督导检查方案;四是制定了河长制信息共享和报送制度,明确了信息共享、信息报送、信息公示制度,制订了河长制管理信息系统建设方案,依托科技手段,努力提高河长制精细化管理水平。

四、制订一河一策实施方案

为贯彻"一河一策"的治理思路,北京市对河长制任务提出"四化"要求,即"细化、量化、具体化、项目化"。"细化",就是把河道逐级分解到支流末端,把管理责任和治理任务从市级细化落实到村级。"量化",就是逐河建立河道基本信息档案,重点全面排查河道、沟渠的污染源、排污口、违法建设、安全隐患等情况,摸清底数,建立台账。"具体化",就是梳理河道管理存在的主要问题,明确治理目标任务,明确责任主体,明确治理标准,明确完成时限。"项目化",就是对重点治理任务,按项目管理加快推进实施。将全市河湖划分为北运河、永定河等 12 个重要流域,逐河排查存在的突出问题,针对各流域主要问题制订了流域河长制实施方案(一河一策实施方案),明确各级河长"三查、三清、三治、三管"任务和措施,建立了"一书、一图、一表"("一图",就是河道基本信息和管理目标任务全部标注上图,落实到具体河段和区域;"一书",就是制定治理目标责任书,细化责任分工,逐级落实责任单位、责任人;"一表",就是建立治理工作年度进度表,强化过程监管和考核)的管理机制。

五、开展市级河长督导检查

2017 年 6 月,北京市副市长、北运河市级河长依照《北运河河长制实施方案》,自源头开始对北运河流域河长制工作落实情况进行了第一次督导检查,沿途听取了相关区、乡镇(街道)级河长的工作进展报告,详细了解了区、乡镇(街道)、村级河长"三查、三清、三治、三管"任务分解和落实情况。实地检查了海淀区东埠头沟、团结渠治理和稻香湖再生水厂运行情况,现场对进一步推进区、乡镇(街道)级河长工作任务和完善河长信息公示牌的设置提出了明确要求,肯定了稻香湖再生水厂全地下模式在节约占地和节能方面取得

的成果,要求在全市范围内积极推广成功经验;在昌平区沙河水库查看水环境治理时,拨打了河长信息公示牌上属地河长电话,核查各级河长履职情况,要求各级河长电话必须畅通;在顺义区高丽营村查看联村污水处理站后,又检查了朝阳区后苇沟黑臭水体治理工程和通州区管头村、焦王庄村污水收集处理设施建设、碧水污水处理厂升级改造情况。要求各级河长以习近平总书记提出的"四定原则"为统领,将河长制落实与北京市"疏解整治促提升"结合起来,扎实推进黑臭水体治理、排污口整治、断面水质改善等河湖治理任务落地见成效。

■ 第五节　天津市实施河长制的实践

天津市位于海河流域下游,流经天津市的一级行洪河道19条1 100 km,骨干排水河道109条1 890 km。近年来,由于经济建设飞速发展,污水直排、雨污混流、污水处理不达标排放,严重影响了河道水质安全。同时,受生活习惯、历史因素等影响,河道沿岸居民随意倾倒垃圾、堆放杂物,造成河道堤岸环境脏乱差,严重影响河道水生态环境健康和安全。

一、河长制实施情况

为改善河道水生态环境,天津市积极探索并借鉴国内部分省(区、市)先进管理模式,2013年正式推行河道水生态环境管理地方行政领导负责制,即河长制。2015年,河长制管理实施全覆盖,大清河处负责南部四区(包括津南、西青、静海和滨海新区)一级河道6条260 km,区管河道40条645 km,总长905 km的考核任务。

(1)建立组织机构。各区分别成立了以主要负责同志任组长、各相关部门负责同志为成员的河道水生态环境管理领导小组,负责河长制工作的实施与管理,建立了由"河长"负总责的责任制。

(2)建立管养队伍,落实管护资金。西青、静海、津南等区均成立了街镇或环卫部门负责的河道日常养护队伍,负责河道的基本日常维护工作,保障河道环境卫生。管护资金方面,市级财政拨付专项资金补助各区堤岸水面保洁与水质保护工作,补助比例与考核成绩相挂钩。

(3)建立监督考核奖惩机制。按照市级考核办法和细则,各区制订了本区考核方案、实施细则和巡查制度等,明确了各部门管理职责、任务分工、管理措施等,落实到区、乡镇、村等和具体责任人。西青、静海等区建立了业务考核和绩效考核的考核体系,根据市、区级考核情况及打分成绩决定"以奖代补"资金补助,对考核不合格的河长进行问责,连续2次不合格的进行通报批评,考核结果优秀的"河长"年终进行奖励。

二、初步成效

(1)河道水质状况得到改善。2015年,南部四区管理河道环境卫生达到优秀的河道长度由362.9 km增加到621.7 km,同比上升71.3%;感官水质黑臭的河道长度由265.6 km减少到85.3 km,同比下降67.9%。

(2)重点河段部位环境有效改善。西青区结合清水河道行动建设,加大了全区污水管网建设,解决了李七庄街、精武镇和王稳庄镇的污水排放问题。2015 年实施水环境治理,清理垃圾 434.2 m³,打捞漂浮物 260.2 m³,河道水质环境整体有较明显的提升。静海区针对环境较差的子牙镇、王口镇、大黄庄等沿河村镇,积极协调乡镇实施专项治理工程。筹措资金,投入大量人力、物力,共清理垃圾 3.45 万 m³,水面漂浮物 2 000 m³,柴草垛 500余个,使多年积存的环境问题得到了彻底根治,沿河老百姓拍手称快。

(3)长效管理得到落实。各区均建立了长效管理制度,如西青区 9 个街镇成立了水利站或街道环卫部门负责的 10~15 人的河道养护队伍,静海区组织各乡镇组建了 156 人的保洁队伍,负责河道日常保洁和管护。

(4)合力共管的效益已初步显现。各区以水务部门为主体,以环保、市政部门为支撑,开展区域内截污治污工程和污水厂网建设,河道水体水质得到有效改善,在加强河道的整治与管理上形成有效的工作合力。

三、存在的问题

目前,河长制推行时间不到 3 年,仍处于摸索时期,在管理中仍存在许多问题。

一是水生态环境管理运行机制尚不完善,相关成员未全部参与工作,职能作用也未充分发挥。

二是河道保洁工作不到位,保洁工作人员的专业化水平亟待提升。

三是河道水生态环境治理和管理资金不足,经费缺口较大。

四是部分河道仍然有污水直接排入,河道截污工作不到位。部分河道水质问题仍然突出,跨省市界、区界河道因上下游协调不畅,污水下泄污染问题突出。

五是沿河道路、企业、居民集中区等成为河道环境维护的重点,针对河道治理的顽固问题,短期内难以有效解决。同时部分街镇缺乏垃圾处理规划,垃圾的收集、运输与处置脱节严重。

四、建议

河长制是河道管理新阶段的重要措施,对于改善河道生态环境意义显著,并兼具生态效益与经济效益。同时,河长制能够充分调动各级政府部门加大河道水生态环境管护的积极性,从而有效推动河道整治和水环境改善。针对目前河道管理中存在的诸多问题,特提出如下建议,以推动河长制河道管理模式充分发挥作用。

一是地方官员担任总责任人能够起到综合协调的作用,整合河道水生态环境管理各部门的力量,避免各部门在工作中相互推诿、掣肘,直接提高水环境管理与保护的效率。

二是应将治理与管理相结合。以管理促进治理,以治理深化管理,形成河道管理的良性循环。

三是建议因地制宜采取管理策略。应结合河道的具体特点,制订可行性高且特色鲜明的河道管理方案,同时充分考虑地区发展与人文环境需求,彰显河道特色亮点。

四是建议加强专业化培训,树立规范化、标准化管理理念。培养一支专业化河道养护队伍,提高水生态环境管理水平。

第六节　贵州省遵义市实施河长制的实践

赤水河属于中国长江上游支流,发源于云南省镇雄县,全长 523 km,流域面积 2.04 万 km²。赤水河流域(遵义段)以赤水河干流毕节入境断面始至赤水市出境断面止(含习水河出境断面),涉及遵义市的 5 个县(市)77 个镇(乡、办事处)。

一、赤水河遵义段环境保护工作现状

(一)全面实施了河长制考核制度

自 2009 年起,遵义市在赤水河流域遵义段全面实施了河长制管理。将所属市人民政府、县(市)人民政府、乡(镇)人民政府的负责人作为河长,层层推进赤水河生态环境保护工作。并将赤水河环境保护工作实绩作为河长政绩考核的 1 项重要内容。这种机制的建立,不但落实了地方政府对环境质量负责的原则,也充分调动了河长们的干劲,促进了环境监管工作,加快了流域治理的进程。

(二)生态文明制度改革全面推进

(1)完成了《赤水河流域自然资源用途管制研究》,拟定了自然资源统一登记确权工作方案,以农村宅基地和集体建设用地使用权及林业资源产权登记为突破口,启动了自然资源资产产权制度和用途管制制度改革,并建立了分级分类管控措施。

(2)编制并实施了《赤水河流域遵义段生态红线划定工作方案》,将赤水河流域遵义段按照鼓励发展区、限制发展区、禁止发展区划定了生态功能保护红线、环境质量保护红线和资源利用保护红线。

(3)赤水市作为全国 5 个自然资源资产审计试点城市之一,完成了赤水自然资源资产审计工作,探索建立了相关制度,为全国开展自然资源资产审计提供了可资借鉴的经验。

(三)环境管理能力得到全面提升

(1)制定了《遵义市国控污水处理厂自动监控设施委托运营考核实施意见》,在整个贵州省率先推行国控污水处理厂自动监控第三方运营。在此基础上,遵义市还逐步将第三方运营向城市生活污水处理、垃圾处理、工业污染治理等领域延伸。

(2)创新环保投资融资方式,推动环保基础设施建设。赤水河流域遵义段各县市采取 BOT + BT + EPC 等多种投融资方式,积极推进乡镇污水处理设施建设全覆盖,积极推进企业废水集中连片治理。

(3)创新环境监管体制,充分发挥联合执法机制的作用。遵义市在自身开展专项执法行动的同时,还与泸州市签订了《赤水河流域环境保护联动协议》,定期开展联合执法,目前,赤水河流域环境保护联动执法已上升到贵州、云南、四川 3 省的联合行动。

(4)创新环保司法制度,有效提供法律保障。遵义市在市、县两级法院、检察院、公安成立了环境保护专职机构,扎实开展部门联动,加强了环保部门与公、检、法之间的沟通和联系,在全市范围内形成了横到边、纵到底,跨流域、跨区域、跨行业的联合执法、联动执法新机制。

（四）保障系统建设得到全面完善

（1）以创建环保模范城市为契机，加大投入推进市、县两级环境监测和监察机构的标准化建设，现流域内市、县两级环境监测和监察机构已全面完成了国家标准化建设并通过了达标验收。

（2）流域内5县（市）全部建成了出入境断面水质自动监测站。

（3）市环保局每月对外公布《遵义市环境质量月报》，及时向公众公示流域水质信息。

（五）全面强化环境基础设施建设

遵义市以创建国家生态文明建设示范市为抓手，以解决农村面源污染为重点，全面推进赤水河流域乡镇环保基础设施建设。现已组织实施了流域内122个乡镇的污水处理厂建设。并按照"户清理、村收集、镇转运、县处理"模式，全面启动了流域内乡镇生活垃圾收运处理工程建设，同时加大了水泥窑协同处置生活垃圾等项目的建设。

二、取得的初步效果

（1）环境质量逐渐变好。监测数据表明，从2014年第2季度开始，赤水河遵义段水质稳定好转，茅台、两河口断面水质达到Ⅲ类标准，鲢鱼溪断面已稳定达到Ⅱ类标准，总体上水质与2012年年底相比，提升了一个类别，个别指标已达Ⅰ类标准。

（2）环保基础逐步筑牢。通过改革投融资方式，解决了资金来源问题，环保基础设施建设呈现出立体式推进的态势，污水处理设施从县城延伸到了乡镇，垃圾收集转运设施逐渐覆盖到乡村，企业污染治理设施同步推进，环境综合治理的格局逐渐形成。

（3）肆意破坏环境的行为得到有力遏制。通过开展综合整治，对环境违法行为保持高压态势，基本杜绝了向赤水河乱倾倒、乱取水、乱排放的现象，环境管理秩序逐步好转。

（4）环保意识大幅提升。通过推进生态文明建设，地方政府对环境保护的主体责任有了更深的认识，推进环境保护工作更加积极主动。监管部门对环境的监管有了更多的手段，联合执法逐渐成为常态化的机制。企业环保意识明显提高，筹集资金配套建设环保设施、加大企业环保投入更为自觉。

三、存在的问题

虽然赤水河流域环境保护工作初见成效，但面临发展新形势、新要求，工作中仍存在着不少困难和问题。

（1）赤水河流域作为跨界河流，其上下游在行政区划、资源禀赋和经济发展等方面存在较大差异，流域的上、中、下游很难形成统一的发展与保护规划。一方面，在需要保护的上游地区，煤、矿、电、化工等高污染行业是城市发展的支柱产业，这给中游地区优质白酒的生产环境以及中下游地区基于良好生态环境的旅游业带来了极大的环境风险。另一方面，赤水河流域上下游因所处区域不同，承担了有差异的环境保护任务，导致上下游经济发展不协调、不平衡。

（2）赤水河流域管理由滇、黔、川3省及水利部长江水利委员会等多家负责，长期由于行政区划界限和多头管理的局限，缺乏从全流域整体角度进行环境保护衔接与协调的机制和模式，单靠一个地方或环保部门难以实现整个流域环境保护工作的统筹协调。

（3）从赤水河流域的产业结构来看，采矿业和原材料工业比重大，二元经济结构明显，产业间关联度小，经济总量小、发展速度慢、发展方式粗放、工业化水平低是赤水河流域产业发展中面临的主要矛盾。

（4）赤水河流域是我国西南部生态型贫困区域，人口、资源、环境三者之间矛盾突出。一方面，流域内喀斯特石漠化及水土流失严重，传统农业生产面临无土可耕的困难局面，尽快发展经济、脱贫致富是当地人民群众的迫切需求。另一方面，赤水河流域乡镇环保基础设施建设严重滞后，河流两岸垃圾沿河倾倒现象严重，乡镇生活污水及生活垃圾的无序排放已经严重影响了赤水河流域的生态环境。

四、改进的对策

（1）进一步加强环境监管执法。持续掀起环境执法新高潮，传递强力治污的正能量，确保环境质量稳步提升和无损害生态环境的情形发生。

（2）大力推进污染防治整治。加大环保基础设施建设的督促和指导力度，尤其是工业园区污水处理工程的建设，可有效改善环境质量。

（3）深化生态文明体制改革。全面完成各项改革任务，在赤水河流域（遵义段）生态文明制度改革试点的基础上，认真总结经验，修订完善有关制度，逐步在其他重点流域和饮用水源保护区等区域推广，切实将生态文明理念融入经济、政治、文化、社会建设各方面和全过程中。

（4）强力推进生态文明建设示范创建。不断强化全民意识，营造人人参与环境保护和生态创建的良好氛围，提升城乡治污能力和水平，深入实施城乡环境整治，实现城市和农村生态环境质量双提升。

（5）加大资金和政策支持。针对西部地区实际，国家资金应重点向该流域倾斜，加快流域污水处理厂、垃圾无害化处理等环保基础设施建设。同时在融资政策、项目政策、税费政策等方面给予优惠，鼓励地方解放思想、先行先试、创新发展。

（6）在国家层面尽快研究出台长江流域生态补偿制度。按照"受益者补偿、保护者受益"的原则，统筹做好长江流域生态补偿工作，努力调动地方保护赤水河流域生态环境的积极性。

赤水河是长江中上游干流唯一没有被开发利用的支流，加强其环境保护和生态治理，对于修复长江生态环境和推动长江经济带的发展具有非常重要的经济与屏障作用。所以，一定要切实加强对赤水河流域的环境保护，使得这条为数不多原生态的河流变成一条真正意义上的"英雄河、美酒河、美景河、生态河"。

第七节　云南省昆明市实施河长制的实践

一、昆明市滇池流域的水环境污染的成因及治理措施

（1）水体富营养化物质排放引起的污染及治理措施。昆明市作为云南省的省会城市，是云南省人口与经济相对集中的城市，也是云南省现代化进程较快的城市，而滇池位

于昆明市主城区西南方。长期以来,由于受到人类活动的干扰,滇池水质逐渐被污染,2015年,水质为Ⅳ～劣Ⅴ类,主要超标项目为高锰酸钾指数、总磷、五日生化需氧量等5项指标;营养状况为中度富营养;藻类优势种群为微囊藻、鱼腥藻,藻细胞平均密度处于高含量水平,部分水域已经发生水华。造成现阶段滇池水质超标的主要原因在于长期以来人类生活污水以及工业废水的排放,以及农业生产中的化肥与农药随雨水流入滇池入湖河流中,对滇池流域的水环境造成了较为严重的污染。

治理措施:在治理滇池流域水体富营养化污染的问题上,首先对水体的污染成因进行详细分析,从而判断出被污染水源中所含有的污染物种类,并以此为依据,制订最佳的治理方案。因此,对于滇池流域水体富营养化污染的问题,要从"源头"治理入手,解决源头废污水排放问题,加强废污水排放前的净污处理。其次,要控制主要入湖河流沿岸的农药、化肥的施用量,改变产业种植结构,降低农药、化肥对滇池流域造成的污染。

(2)水环境承载能力下降及治理措施。水环境承载能力是指水体在良好状态时所能承受的最大污染量,近年来,滇池流域由于城市化的进程不断发展以及城市面积的不断扩大,其生态环境遭受了严重的破坏,从而导致了滇池生态环境的承载能力大幅度下降。流域植被遭到破坏,城市面积不断增加,导致了滇池流域出现了较为严重的生态失衡,最终导致生态净化能力大幅度降低。生态净化能力的下降,是导致滇池水体污染严重的主要原因。因此,必须针对滇池水环境承载能力逐渐下降的问题,采取适当的措施进行治理。具体措施如下:

首先,昆明市作为云南省的省会城市,城市化的进程不断加快已经成为一种必然的发展趋势。然而,为了缓解滇池流域的水环境污染问题,增强滇池流域环境的承载能力,在城市建设的过程中,应注重城市绿化建设以及森林植被的保护工作,大力建设滇池流域的水体生态防护林带,并对主要的入湖河流划定保护区,对森林植被实施有效的保护,避免乱砍滥伐现象发生,滇池流域的森林植被覆盖面积增加了,良好的生态环境就会获得有力的保障。其次,从滇池流域目前的污染情况来看,可以使用卫星遥感技术,通过遥感摄影信息来分析滇池流域植被覆盖的程度与受污染情况,然后根据信息所显示的污染情况以及污染区域进行有侧重性的治理。对于森林植被破坏严重的区域采取大量建设水土保持林,多种林木建设相结合的方式,来营造该区域的森林防护体系,以减少该地区的水土流失与水环境污染负荷;对于森林植被破坏较轻的区域采取防治结合的方式,加强该区域森林植被的保护,同时对于森林植被较少的区域进行综合性治理,确保该区域的水体承载能力得以不断恢复;对于水体承载能力并没有明显下降的区域,要加强水体资源的保护,避免其受到污染。

二、昆明市滇池流域治污理念河长制的创新

从滇池流域过去的治污情况来看,并非没有适宜的治污方法,也并不是找不到滇池污染的源头,而是对入河河流长期以来施行的分割管理,使得相关政策措施需要"纵向"和"横向"经过多个职能部门才能贯彻执行,各部门之间尚未建立健全与之相适宜的协调机制和工作督察制度,最终导致很多措施未能有效落实。

2007年5月,江苏省无锡段太湖蓝藻大面积暴发,南靠太湖的无锡水源水质恶化,生

活用水和饮用水严重缺乏,引发市民抢购纯净水。针对太湖蓝藻事件的暴发,江苏无锡市为管理、保护河流生态环境首创河长制,而后在江苏太湖流域推广。河长制的创新,有效解决了滇池流域多年存在污染治理难的问题,河长制即是由各级党政主要负责人担任河长,负责辖区内河流污染治理。河长是河流保护与管理的第一责任人,主要职责是督促下一级河长和相关部门完成河流生态保护任务,协调解决河流保护与管理中的重大问题。河长制最大程度上整合了各级党委、政府的执行力,弥补"九龙治水"的不足,形成全社会治水的良好氛围。

为了确保河长在实际工作中能起到率先示范,真正为滇池流域水环境治理工作做出贡献,充分发挥"河长负责制"的基本要求,将其治理辖区流域的效果作为其年终绩效考核和责任追究的重要依据,使滇池流域的污染治理与其评优、评级等方面挂钩,增加河长们的工作信心和信念,提高其工作的积极性。在实际的工作中,应该结合滇池流域的实际情况,采取防治相结合的方法对该区域的水体污染情况进行治理,在截断污染源的同时,有效保护滇池流域的水资源。

三、滇池入湖河道实行河长制的几点启示

从滇池入湖河流水环境治理实行河长制以及到 2018 年年底前全国全面建立河长制的情况来看,带来的效果明显,河长制是昆明市滇池流域水环境治理理念方面的创新与发展,也是该地区在水环境治理方面所提出的重大决策,从这个角度来看,河长制的实行为我们提供了以下几点启示。

首先,重大决策的实施必须要具备明确的目标和思维上的创新。关于重大问题的决策,本来就是对解决问题答案的选择与判断的过程。在这个过程中,决策者为了确保自身做出的决策有利于整体的发展,必须在决策的过程中,对问题的前因后果进行准确的分析,并运用灵活、创新的思维来做出最终的决策。尤其是传统思维模式中难以解决的问题,通常都是通过创新思维来寻找突破口。水环境问题不仅是滇池流域的问题,而且是一个全国化甚至全球化的问题。因此,滇池入湖河流水环境治理所采用的河长制是我国环境污染治理工作中的创新,也是成功的典范,对全省乃至全国今后的生态环境治理工作起指导性的作用。

其次,重大决策的思维要紧扣问题的核心与关键。决策思维的创新并不是空想,而是必须付诸实际的行动。从河长制的实施情况来看,河长制之所以能在滇池入湖河流水环境治理中取得成效,治污的关键在于治人,而治人的关键则在于治官,河长制就是抓住了这点,充分发挥了地方行政领导的作用,将地方行政领导作为其辖区范围内的河流污染治理主要负责人,由上至下纵向带动了全社会对污水治理工作的重要性认识,而这种转变领导作风的思维方法不仅对于治污效果明显,在解决其他政府难题时也可以进行参考借鉴并使用。

综上所述,滇池流域污染的主要原因是长期以来的污水排放过度以及生态环境破坏严重,但核心问题,依旧是人对环境的破坏导致了滇池流域水质受到污染。河长制将治理污水的责任落实到地方各级行政领导身上,通过提高行政领导水环境治理的积极性,来提高人民治污的意识,从而彻底增强人们的环保意识,采用防治结合的思想,从源头上治理

滇池流域的水环境污染源,并通过河长制实行获得的启示,良好地指导政府工作中所遇到的其他难题。

第八节　江西省实施河长制的实践

一、江西河湖基本情况

江西山川形胜,水系发达,河湖众多,拥有赣、抚、信、饶、修五大河流和全国最大的淡水湖——鄱阳湖,长江跨境而过。全省流域面积 10 km² 及以上河流 3 771 条,流域面积 50 km² 及以上河流 967 条;常年水域面积 1 km² 及以上天然湖泊 86 个,常年水域总面积 0.38 万 km²。多年平均年降水量 1 638 mm,居全国第 4 位;多年平均水资源总量 1 565 亿 m³,人均水资源量 3 557 m³,均居全国第 7 位。全省水功能区水质达标率常年稳定在 80% 以上,主要城市饮用水水源地水质达标率 100%,均明显高于全国平均水平。

江河湖泊是洪水的重要通道、水资源的载体、人类生存的基础以及生态环境的重要组成部分。江西水系发达、河湖众多,水资源是江西经济社会可持续发展的最优势资源。但目前江西河湖保护管理仍存在诸多不容忽视的问题,一些地方侵占河湖岸线、非法采砂、局部河湖水体污染和水域环境恶化,直接影响人民群众生产生活和经济社会可持续发展,不适应生态文明建设和经济社会发展需要。加强河湖保护管理、落实最严格水资源管理制度、防治水污染、保护水环境、改善水生态、充分发挥水资源优势是江西推进河湖保护管理体制改革的一项重要任务,是江西生态文明建设的重要内容,是江西促进经济社会又好又快发展、建设美丽江西的必然要求。

2015 年 11 月 10 日,江西省政府新闻办与省水利厅联合举办江西实施河长制新闻发布会,全省实施各级党委和政府主要领导分别担任总河长、副总河长的河长制。

二、江西河湖保护管理存在的主要问题及原因分析

在江西实施河长制十分必要,符合江西省情、水情以及生态文明建设要求。

(一)存在的主要问题

(1)水污染问题。江西河湖水质下降趋势仍未得到有效控制,鄱阳湖水质从 20 世纪八九十年代以 Ⅱ 类为主降为 21 世纪以 Ⅲ、Ⅳ 类为主,乐安河等局部河段甚至出现 Ⅴ 类、劣 Ⅴ 类水体污染问题。追根究源,一是采矿、冶炼、化工、电镀、电子、制革等行业快速发展,民用固体废弃物的不合理填埋和堆放,导致各种重金属污染物源源不断进入水体;二是大量工矿企业或工业园区分布在河湖周边,各类污染源大多未得到有效治理,导致工矿业污水违规排放问题突出;三是大部分农村和城镇地区基础设施建设落后,缺乏污水收集和处理系统,导致生活和人畜禽污水随意排放现象严重;四是农业种植中农药、化肥和除草剂使用量越来越大,加上不合理施用,利用率低,导致地表和地下水不同程度污染;五是养殖业飞速发展,河湖水面集约化养殖不断扩大,养殖过程中饲料投喂、药物使用不规范现象严重,导致面源水体污染。

(2)侵占河湖、挤占岸线问题。由于土地资源使用受到严格监控,不少地方开始"向

河湖要地"，乱搭乱建乱围、违法占用水面的现象时有发生；一些地方在开发建设中，图省事省钱，遇水就填埋，遇河就筑坝，打乱了水系，隔断了河湖连通，严重破坏河湖功能；在一些河流和平原湖区，当地群众挤占行洪河道和压占防洪大堤建房，威胁防洪安全；鄱阳湖区违法围堰、种树等现象屡禁不止，影响鄱阳湖湿地功能和生态环境，甚至引发当地社会矛盾纠纷。

（3）乱倒乱弃问题。一是沿河两岸农村及城郊接合部，缺乏完善的垃圾收集、处理设施和系统，周边居民和工矿企业为图一时方便，将大量的生活、工矿业和建筑垃圾无序堆放在河湖两岸，甚至直接向河湖倾倒，致使淤积严重。二是随着经济社会的快速发展，跨河湖公路和桥梁、临河湖码头和道路等涉河建设项目随之增多，施工过程中大多直接将废渣废料倾倒进河湖，项目完工后，对河湖内的废渣废料及一切有碍行洪的临时工程设施进行彻底清除的要求置若罔闻，造成河床抬高，严重影响了行洪和水生态环境。

（4）非法采砂问题。一是少数单位和沿河村庄借工程建设之名，未经行政许可，违法偷采偷运河湖砂石资源，导致监管任务繁重、难度大、阻力大。二是个别采砂业主置禁采区、禁采期、可采深度等规定于不顾，在河湖堤坡脚、河湖桥梁桥墩、拦河坝等跨河建筑物安全保护范围内乱采滥挖，造成基础设施严重受损，河床下切、岸坡失稳，特别是在河湖险段和近岸采砂，更易引起河势不稳、冲淤失衡、岸坡变陡、崩岸塌坡、改变河势等现象，严重影响河湖工程设施安全运行。三是河湖采砂废弃料随意堆放，造成原本平坦的河湖满目疮痍，封堵问题严重，破坏了河湖生态功能，严重影响了河湖行洪和通航功能。

（二）原因分析

随着江西经济社会的快速发展，人们生产生活方式随之改变，河湖的运输功能、灌溉作用逐渐消退，人们对河湖的依赖性也随之降低，对河湖的保护意识日趋淡化，向河湖要地，乱搭乱建、乱围、违法占用水面，工业矿山、农业面源、城乡生活等污染物乱倒、乱弃、乱排，导致水污染、侵占河湖、挤占岸线、非法采砂、水环境恶化等问题出现。虽然法律法规规定水行政主管部门是河道的主管机关，但河湖的水质、水量、水环境、水功能以及河道、航道、水污染、河湖岸线建设分属不同的职能部门，部门间权责不清、行政职能交叉，属"多龙管河（湖）"。出于利益驱动，在河湖保护管理和执法过程中，互相扯皮、推诿，流域、区域、部门间缺乏统一调度和协调机制，难以形成执法合力，使河湖保护管理一直处在"大家都管，大家都不管"的无序状态。如鄱阳湖"斩湖"问题，主要是湖区采用传统矮围捕捞，与防洪蓄滞洪无关，如由水利部门一家处理，显然不合适。

三、江西河湖保护管理实施河长制的必要性

河长制起源于 2007 年江苏无锡蓝藻污染事件，江苏、浙江、福建和天津等省市先后实施了河长制。各地的经验表明，河长制的实施对化解经济发展与生态环境恶化的矛盾、促进产业转型升级、进一步提升生态环境质量发挥了重要作用，生态效益较为明显。因此，江西实施河长制促进生态文明建设将具有重要意义。

（1）建设江西生态文明先行示范区的需要。国家批复江西全境列入生态文明先行示范区，提出 3 个定位，其中之一是建设大湖流域生态保护与科学开发典范区，加强河湖管理与保护，严格保护滨湖和江河源头地区生态环境，合理开发环湖平原地区，保护和修复

江河湖泊生态系统,加快推进鄱阳湖生态经济区建设,积极探索大湖流域生态、经济、社会协调发展新模式,走出一条生态良好、生产发展、生活富裕的文明发展之路。这要求江西省必须采取有力举措,统筹上下游、干支流水生态建设和保护,推进流域水环境综合治理,开展江河源头保护,实现江西绿水长流、"一湖清水"的目标。

(2)践行江西"发展升级、小康提速、绿色崛起、实干兴赣"战略部署的需要。当前江西正处于全面建成小康社会的决胜阶段和关键时期。与全国其他省份比较,相对丰富的水资源和较好的水生态环境是江西的重要品牌与财富,更是经济社会可持续发展的重要优势。实施河长制就是要巩固和提升这一优势,坚持问题导向,坚持抓早抓小,把一些影响河湖生态环境的问题消除在萌芽状态,不走"发展、污染、治理"的老路,进一步夯实绿色崛起的基础。

(3)解决河湖保护管理突出问题的需要。水的最大特性之一在于流动性。水资源、水环境、水生态问题往往"反映在河湖,根子在岸上",许多问题跨区域、跨流域、跨部门、跨行业。以水污染为例,有来自工矿企业的污染,也有来自畜禽养殖、农业面源、城乡生活等的污染。有时是上游企业生产受益,下游地区污染受害。因此,处理好这些问题,必须坚持城乡统筹,区域合作,上下游、左右岸协调推进,水域、陆地共同发力;形成政府主导、属地管理、分级负责、部门协作、社会共同参与的良性工作机制。

四、江西河湖保护管理实施河长制的思考

江西河湖保护管理实施河长制具备有利条件和良好基础:一是江西已将河长制纳入生态文明示范区建设统一部署。二是江西正深入开展生态文明示范区建设,各级政府及部门生态文明意识越来越强。三是个别市县率先实行河长制,积累了一定基础和经验。要使各方积极参与并实施好河长制,建议主要从以下几点开展工作。

(一)主要原则

(1)坚持问题导向。在河湖保护管理实施河长制过程中,重点是突出问题导向。一要查找问题不避烦,通过深入调研,摸清问题表象和根源,分析问题产生原因。二要解决问题不畏难,不回避问题,面对问题不绕着走,坚持疏堵结合、惩奖并重。三要落实措施,不搞"一刀切",面对形形色色的问题,坚持因地制宜、因河施策,把解决群众关心、影响发展的问题作为出发点和落脚点。四要注重与经济社会发展需要相结合,真正做到改善群众生产生活质量,服务经济发展转型升级。

(2)做好顶层设计。河湖保护管理工作涉及面广,牵涉部门多,与经济社会发展关系密切,关键是要形成合力,落实责任,明确任务。在实施河长制的顶层设计中,要将以下几点摆在突出位置:一是把各级政府和部门统一到水生态环境治理和保护工作中;二是建立由党委或政府主要领导担任河长的省、市、县(市、区)、乡(镇、街道)、村五级河长制,强化政府牵头、部门协作责任;三是根据经济社会发展实际,采取有针对性的举措,突出流域水生态环境主线,统筹水域、陆域问题,坚持专项整治与长效机制相结合。

(3)注重高位推动。河长制实质是涉水事务的党政首长负责制,目的在于保护水环境,改善水生态。这项工作涉及面广,跨部门、跨行业、跨流域、跨区域,情况复杂,难度大。如水体污染问题涉及农业面源污染、畜禽养殖污染、工矿企业污染、城乡生活污染等,涉及

农业、环保、工信、住建、农工、水利等部门。由党委或政府主要领导担任河湖河长,将有力推动河湖保护管理工作落实,有效推动各级政府和部门责任到位。

(4)形成统一合力。河湖保护管理涉及上下游、左右岸和水域、陆地,是一项系统综合性工程,实施河长制的成败关键在于是否形成各级政府和部门间的工作合力。在党政首长负责制的前提下,调动好各方积极性和责任心,履行好各自职责,因地制宜开展有效行动。如农业部门抓畜禽养殖,环保部门抓企业污染,水利部门抓水资源保护、河湖管理和采砂管理等。

(5)加大制度创新。在实施河长制过程中,不能单纯就水论水,就河(湖)论河(湖),就环境论环境。要因地制宜,综合治理,各级政府和部门共同发力,探索"治河""巡河""晒河"好经验、好做法,建立河湖保护管理长效良性机制。

(二)主要任务

江西实施河长制要围绕加强水管理、保护水资源、防治水污染、维护水生态展开,统筹河湖保护管理规划,落实最严格水资源管理制度,开展江河源头和饮用水水源地保护,加强水体污染综合防治,强化跨界断面和重点水域监测,推动河湖生态环境保护与修复,加强水域岸线及采砂管理,加强行政监管与执法,完善河湖管理保护制度及法规。

(三)主要措施

一是加强领导。河长制工作跨部门、跨流域、跨区域,涉及面广,难度大,应建立联席会议、问题督办、信息通报等工作制度,健全各部门涉河湖日常管理专业机构,落实各级政府和有关部门的保护管理责任。

二是严格考核。建立考核奖惩制度,把河长制纳入设区市、县(市、区)科学发展综合考核评价体系。

三是落实资金。落实河长制专项工作经费、河湖及水利工程日常养护经费,将其列入各级财政预算,同时利用市场机制,鼓励社会投资参与河湖管理保护。

四是宣传引导。加强法规宣传,开展公告公示,发挥媒体舆论的引导和监督作用,促进全社会共同关心和支持河湖管理保护。

实施河长制,建立政府主导、部门各负其责的良性机制,将是江西加强河湖保护管理工作的重要制度创新,有利于发挥政府的组织领导作用,强化责任落实,协调各部门力量,推动全社会共同治理水污染,改善水环境,科学合理保护利用水资源,形成河湖保护管理长效机制,保障河湖健康,促进江西生态文明建设和经济社会持续、快速、健康发展。

第九节　湖南省实施河长制的实践

流域综合管理是一个复杂的系统工程,既包括左右岸,又包括上下游;既包括航运,又包括采砂;既包括取水,又包括排污;既包括工业用水,又包括生活用水;既有面源污染,又有点源、线源污染。在我国,流域管理基本上为以行政管理为主、多部门协调为辅的管理模式。在形式上,往往是多头管理、无人管理,只管开发、不管保护等,严重威胁流域水生态和水安全。当前河长制作为流域综合管理的新模式,已经在江苏省、浙江省、云南省、湖北省、贵州省、山东省和天津市等地区取得了一定的进展,流域内水质得到了改善,具有非常明显的优势。实行依法治水,依靠法律管理流域,形成依法治水的中国特色流域综合管理模式,进而形成流域长期有效的管理机制,实现水资源市场化,完善流域生态补偿机制和水权交易机制,是我国水资源管理的途径。

一、湖南水系情况

湘江是长江五大支流之一,约占湖南省面积的40%,哺育了湖南省60%的人民,支撑了湖南省70%的经济,是湖南人民的母亲河,是孕育湖湘文化的生命之河,素有"东方莱茵河"之称。流域内城镇密布、人口集中、经济发达、人文厚重、交通便利,是湖南省经济社会发展的核心地区,也是资源和环境压力最大的流域。

为了保护与治理湘江,湖南省出台了全国首部关于江河流域保护的综合性地方法规《湖南省湘江保护条例》和湖南省第一个按要素补偿的生态补偿办法《湘江流域生态补偿(水质水量奖罚)暂行办法》。并通过饮用水水源地保护,保障水量水质达标;通过中小河流治理,提高防汛抗旱能力;通过河道保洁,保障河道清洁畅通;通过农村安全饮水工程,保障农村饮水安全;通过《湖南省河道采砂管理试行办法》规范河道采砂,确保防洪、供水和水运安全;通过灌区续建配套和实施节水减排,减少农业面源污染,改善江河湖库的水质;通过水土保持工程,减少水土流失;通过水库除险加固,消除安全隐患,改善两岸人居环境;通过全面取缔网箱养鱼,提高水域水质;通过实施最严格水资源管理制度,控制用水总量,提高用水效率,降低污染物入河量,科学保护水资源。虽然省委、省政府和水利厅已经采取一系列的措施保护和治理湘江,但是湘江的保护与治理仍任重而道远,如何建立长效的保护与治理机制仍待进一步研究。

二、湖南省河长制的特点

河长制即由各级党政主要负责人担任河长,负责辖区内河流的污染治理,是落实《水法》、《水污染防治法》和《环境保护法》的重要举措。该制度是江苏省无锡市处理蓝藻事件时的首创,已在全国许多地区得到推广,取得了较优良的效果。

(一)优点

河长制是符合当前中国流域治理状况、符合我国国情的重要管理方法,具有以下特点:

(1)责任明确。河长制明确流域治理与保护的主要负责人为各级党政领导人,解决以往九龙治水、群龙无首的状况,避免各部门互相推诿和效率低下的问题。2015年4月16日发布的《水污染防治行动计划》明确提出要落实各方责任,严格考核问责。而河长制则是这一计划的重要实施方式。以湘江保护协调委员会和湘江重金属污染治理委员会为监督主体,以各地市河长为主要负责人,将极大提升湘江保护与治理意识,还湘江碧水,保障水安全。

(2)因地制宜。湘江流域,面积较大,横跨8个地市,各地市情况差异很大。实行河长制,河长们根据不同河段的具体情况,因地制宜地提出综合治理与保护方案,有效落实规划、资金、项目和责任,避免了治理与保护措施水土不服的问题,可大大提高治理效率。

(3)实现河流管理无死角。河长制明确起止断面,实现河流管理无死角。一方面,避免了河流长期以来多部门管理,互相推诿的现象;另一方面,对于跨界河流,起止断面保护与治理目标明确,使流域管理无死角。

(二)缺点

(1)过度依赖河长,没有调动各方积极性。河长制主体是河长,再加上考核问责机制,对政府行政部门压力过大,而企业、民间环保组织、公众的参与较少,"谁开发、谁保护、谁污染、谁治理"的机制和公开公示的机制无法全面实施。

(2)河长制从治理方式来看是"人治",但是法治却是长期而有效的办法。在河长任职期满后,污染治理职责、经验、方法和技术很难继续传递,虽然是有效的治理措施,但是难以长期进行下去。

(3)治理目标不明确。虽然提出了治理目标,但是当前各个地区差别很大。没有依据最严格水资源管理制度进行水环境、水生态、水资源核算,再加上各个地区技术力量和资金不足,难以确定合理的治理目标。

(4)考核问责难以落实。当前河长面临着诸多方面的"一票否决"的问责,因此在实施过程中很难因为流域治理与保护不到位而被问责。同时,上级对下级的问责,上级同样有连带责任,很难保证问责结果的公正性。

三、基于河长制的流域综合管理模式

河长制可以促进湘江流域的保护与治理,应在取水口、排污口、最严格水资源管理制度等方面加强应用,同时应全面落实《湘江保护条例》等法律法规。

在湘江流域,应根据水资源分区、水功能区划、现有水文、水质测站情况和行政边界情况,合理划分"河长"的起止断面。基于河长制的流域综合管理模式需完善以下几点:

(1)加强公开公示,鼓励各方参与。首先,要公开河道的各项达标指标,公众可自测河流水质,鼓励企业、民间环保组织和公众参与河道治理与保护的监督。其次,应公开河道名称、级别、河道起始点、河道长度、保洁单位、治理目标、本级和上级监督电话等相关信息。最后,建立公开公示办法,确保有法可依。

(2)严格考核问责,推动《湘江保护条例》实施。在前期过程中,将河道治理与保护情况纳入对河长的考核之中,定期对河长进行考核。在落实考核的过程中,要加强《湘江保护条例》的实施,逐步实现由"人治"到"法治"的转变。

(3)增加科研投入,保障指标合理。依照《湘江流域科学发展总体规划》等相关规划,结合各地具体情况,因地制宜地对河段内的水环境容量、水资源承载能力进行核算,提出科学合理的治理方案,做到规划先行,以符合社会经济实际情况。

(4)增强协调机制,确保全面落实。增强现有湘江保护协调委员会和湘江重金属污染治理委员会的职能,建立系统化的协调机制,切实保障河长的责、权一致,落实《湘江保护条例》等相关法律法规。

(5)完善配套措施,健全法律法规。虽然湘江流域已经出台了不少法律法规,但是配套措施仍需完善,法律法规需要进一步健全。依法治湘江流域,形成"有法可依、有法必依、执法必严、违法必究"的流域综合管理模式。

湘江流域综合管理应以《湘江流域科学发展总体规划》和《湘江保护规划——水利

篇》等规划为指导,以河长制为过渡方式,以《湘江保护条例》和《湘江流域生态补偿(水质水量奖罚)暂行办法》等为法律依据,从"人治"转变为"法治",实现依法治流域的中国特色的流域综合管理模式。同时依法治水也为水权确权、水权交易和最严格水资源管理制度考核等方面提供法律支撑,有助于实现水资源市场化,促进水资源费的征收,进一步完善湘江流域生态补偿机制和取水权、用水权、排污权等水权交易机制,促进高效用水,保障水安全。

第十节　安徽省肥西县实施河长制的实践

2017年初,安徽省颁布了《安徽省全面推行河长制工作方案》,实行"省、市、县、乡"四级河长体系。在对外公布的省级总河长、副总河长、河长名单中,安徽省委书记、省长双双出任总河长,副总河长则由省委常委、常务副省长担任。此外,另有多位省级干部担任省内重要河流的河长。其中,巢湖河长由省委常委、合肥市委书记担任,长江干流安徽段、淮河干流安徽段、新安江干流安徽段河长分别由几位副省长担任。

省、市、县、乡四级河长制体系建成后,将负责组织领导相应河湖的水资源保护、水域岸线管理、水污染防治、水环境治理等工作,协调解决河湖管理保护重大问题。安徽省将建立工作督察制度,对河长制实施情况和河长履职情况进行督察。建立考核问责与激励机制,对成绩突出的河长及责任单位进行通报,对失职失责的严肃问责。建立验收制度,按照工作方案确定的时间节点,及时对建立河长制工作进行验收。

根据不同河湖存在的主要问题,安徽还将实行差异化绩效评价考核,将领导干部自然资源资产离任审计结果及整改情况作为考核的重要参考。县级及以上河长负责组织对相应河湖下一级河长进行考核,考核结果作为地方党政领导干部综合考核评价的重要依据,实行生态环境损害责任终身追究制。

安徽省实施河长制的短期目标是,3年内,万元GDP、万元工业增加值用水量分别比2015年下降28%、21%;全省水功能区水质达标率80%以上。到2030年,全省水功能区水质达标率95%以上,水生态得到有效恢复,逐步实现"河畅、水清、岸绿、景美"的河湖管理保护目标。

在安徽省出台河长制政策之前,隶属合肥市的肥西县就开始了河长制试点工作,现将其主要经验加以介绍。

肥西县隶属安徽省合肥市,位于安徽省中部。2013年探索实施河长制以来,一项项河长制措施得到落实,一条条河流治理涉及的深层次问题逐步解决,全县河长制大格局不断形成。河长制在改善河流环境的同时,也改变着各级河长(段长)的治河理念,改变着群众的环保意识,对县域经济转型发展的"调节器"作用愈加明显。

一、河长制推动县域经济绿色发展

"河流生态环境是促进县域经济社会可持续发展控制性要素"。2013年5月,肥西县委、县政府推进河长制工作会议纪要中的这句话,是该县以河长制为抓手推动经济绿色发展的实践总结。肥西从河长制实践中得出,单就河长制工作来说,似乎是治理河流污染,但这是一种狭隘的治河观,治理效益不会收到大效;其治河本质在于促进区域绿色发展,再反哺河长制,形成互促共赢。河长制在治理河流污染问题上,涉及决策意识、经济布局、产业结构调整、三次产业能耗、环境资源及流域沿岸生态环境状况等方面,是一项系统性、协调性、多项性工程,必须运用宏观思维指导实践,以经济调转促服务,推动发展转型,再以调转促推动河流环境治理。

为此,肥西在河长制这一大思维下采取了一系列政策措施。重新调整县域生态功能区。经过深入调研,本着尊重自然与经济发展规律,对全县国土面积区域功能进行重新定位,划为北部外围生态控制区、环巢湖生态文明示范片区、紫蓬山旅游片区、合肥主城西南片区和产城融合片区五大生态功能区,对各功能区建设发展进行"差别化"定位,实现地域空间优化。县里出台了土地利用和生态补偿政策,为河长制提供"生态管控红线"。

3 年来,县镇合力,引进滕头等 5 家实力强劲的园林巨头企业,大力发展"绿色产业",以 6 万多亩规模精品苗木花卉园林为依托,成功创建国家 4A 级旅游景区。专注发展绿色生态产业,环境污染压力小了,生态环境好了,镇内的潏河等河流环境自然就改善不小,获批安徽省唯一的国家生态公园(试点),是坚持走生态优先、绿色发展之路的创新举措。

实施"绿色招商引资",是该县助力河长制的又一举措。肥西严格执行国家产业政策,提高项目进入门槛,高污染、高能耗、低附加值的项目坚决不招,投资额度小于亿元以下限制的项目坚决不要,投资额度虽大但环境资源利用型项目坚决不批。近年来,该县相继有投资达百亿元人民币的华南城、航空小镇、新桥国际机场、TCL、新光风电场、万达广场、绿地集团等数家大财团入驻,先后有 10 多个投资数额几亿元或几十亿元的项目被拒招。

近几年来,肥西县在全国百强县中的位次快速攀升,起着决定性作用的是工业这支擎天柱。然而,县委、县政府并没有对污染企业手下留情。几年来,全县在河长制的推进下,被关闭、淘汰、取缔以及限期整改、行政处罚、挂牌督办、强制清洁生产等企业达到上千家(次)。与此同时,该县实行"退二进三"产业政策,工业企业进园区,严控工业污染。大力发展电子商务、现代物流、服务外包等现代服务业,壮大旅游、苗木花卉产业,2017 年前 4 个月实现现代服务业营业收入同比增长 34.1%,减轻了河流环境污染增量。

规模化畜禽养殖一般都亲水而建,布局无序、环境治污设施滞后或设施不正常运行,严重威胁河流环境安全,也是河流突出的面源污染。曾为安徽畜禽养殖大县的肥西县,河长制实施之后,决定根据县域河长制形势,在国务院印发《规模畜禽污染防治条例》的同日,出台了《规模化畜禽养殖区划定方案》(简称"三区划定方案")。2017 年根据河长制需要,将规模畜禽养殖"三区"调整为"两区",取消了"可养区"。县、乡镇两级财政为此补给养殖户设施拆迁费 8 000 多万元。

二、把精准施策贯穿于河长制的始终

离肥西县城 30 km 的柿树岗乡,境内有丰乐河、龙潭河、潏河。2013 年前乡里根据县的统一部署实施了河长制,几年下来,河水水质改善很大。现如今,河水在堤岸绿树倒影下,欢快流淌,清澈见底,不时有鱼弄起圈圈浪花(见图 4-1)。治理河流污染,必须讲究"精准"二字,每条河流的自然环境、污染负荷、承载功能及污染程度、种类、因子及来源、生态脆弱程度等不同,受地域、历史、人文、产业等因素影响及其上下游、地区之间的环境状况有差异,不可用一个方案"包打天下",提高治河的精准性,就会事半功倍。

图 4-1　肥西县境内河流水生态环境现状图

为了精准治河,肥西对境内 28 条二、三级河长制的河流开展精细排查,找准污染症结,内容包括河流、支流及区域面积、覆盖人口、各季节蓄水量(流量)、使用功能、流境地域岸线、主要污染物及污染源水等排放量、面源污染、排污口、环保水利设施、养殖、坡岸水土流失、非法垦殖、沿岸植被,以及跨区域上游的综合情况等,对可能出现的污染潜因做出预估,对生态安全隐患做出评价。以问题为导向,实施主河与支流同步治理,水域与陆域同步推进,整治与保护、生态修复紧密结合,监管与执法双管齐下,使每条河流、每个级层、每项对策,详尽、明确、适用,不搞大而化之。

派河是位居巢湖的合肥市的一级河长管理河流,其河还有 8 条支流,虽然治河力度很大,水质却是时好时差。问题到底出在哪里?县里请来安徽省环境科学研究院实际调查,编制《肥西县派河 8 条支流水体达标方案》,另外,经过细细排查,发现城镇污水、雨水管网断接、漏接、错接及损坏问题严重,导致雨污水混流或污水直排派河,一方面污水处理厂进水浓度偏低、水量偏少,另一方面直排到河里的污水加剧水体变黑。问题在河流,根子在岸上。肥西下大决心大投入解决雨水、污水管网问题,实现雨污水分流;完善污水处理厂配套管网,提高管网覆盖率,实施水域陆域、区域流域协调共治;对于一时进不了污水厂的工业、生活、畜禽等废水,采取氧化塘、微动力等措施处理。

同时,开展船舶、采砂、围垦、尾箱养鱼、电鱼、毒鱼、炸鱼等危害水体水质行为的综合整治。及时打捞河面漂浮物,加强流域生活垃圾及工业固体废弃物等集中收集、储运、规范处理和资源化利用,实施生态岸林植造、生态湿地恢复、河道疏浚、水生植物繁殖、坡岸生态修复、水土流失整治等系列生态工程。加强环保、防洪、水利设施建设与维护,实现人与自然和谐共生的河长制目标效果转变。派河的实践为全县河长制探究了"一河一策"精准施策路径。

三、肥西县实施河长制的经验

肥西县坚持实施河长制,实现了水清堤绿的河流治理目标,关键在于创新。这种创新力量来自四个方面。第一,建立了环保工作决策部署常态机制。县委、县政府与上级河长制超高对接,紧扣县域发展目标与工作中心,作为一项常态工作融入重要决策部署之中。第二,建立了河长制工作统筹推进机制。理顺县政府、县有关部门及乡镇的河长制职责关系,按"谁家孩子谁家抱"的原则,压实责任,各司其职,县政府对河长制牵头单位、责任单位和参与单位,适时督察调度,形成统筹推进格局。第三,建立了问题整改"清单销号"机制。县政府督察、目标管理和县纪检监察部门联动,对河长制工作定期督察,将问题"清单"交由县政府调度,实行认领、承诺、一票否决等惩戒措施。第四,建立了河长制工作激励与约束机制。建立河长制"履职保证金"制度,保证金由个人承担,同级财政专户管理,每年由县政府考核兑付。同时建立工作报告制、党政联席例会制、督察整改通报制、党政同责离任审计制,形成制度约束。

第十一节　福建省实施河长制的实践

闽江、九龙江、敖江——三条大河发源于福建省西部山区,千百年来,三江或穿越八闽大地,滋润南国沃土,或形成洪灾,搅扰流域生灵。唯其不变的是,滚滚向东,独流入海。

2014年,福建省深入贯彻落实习近平总书记关于保障水安全等重要讲话精神和国务院《关于支持福建省深入实施生态省战略加快生态文明先行示范区建设的若干意见》,按照"强水利、美生态、富百姓、保安全、建队伍"的总体思路,加快推进水利改革,强化落实"河长制",撬动流域保护管理机制创新和流域生态环境改善,构建起一张支撑福建科学发展、跨越发展的"大水网"。

一、强化顶层设计、科学谋篇布局

2014年以来,党中央、国务院和福建省委、省政府高度重视水利发展,把水利建设作为稳增长、调结构、促改革、惠民生的重要工作。习近平总书记就福建发展做出重要批示后,2014年5月,省政府与水利部签订了《共同加快推进福建水利改革发展备忘录》,福建水利发展迎来了千载难逢的历史机遇。

福建省水安全工作重点抓好流域保护和管理。如果把福建看作一个人的机体,那么大大小小的流域就是血脉和经络;抓流域管理就是舒经活络、打通血脉,让水系畅通起来,让水体洁净起来,让功能恢复起来,只有这样的机体才能保持健康。

围绕科学发展、跨越发展的战略部署,福建省及时调整水利改革发展目标。结合部分河流开发利用超出承载能力,水体污染、河道萎缩、生态退化,流域保护管理已刻不容缓等现实问题,省政府出台了《关于进一步加强重要流域保护管理　切实保障水安全的若干意见》(以下简称《若干意见》),明确了2015年、2020年全省流域保护管理的目标,提出要在2014年年底前全面实行河长制。这既是福建水情决定的,也是形势任务倒逼的,更是被实践证明管用的。福建省河流密布,管好庞大的水系任重道远。过去各部门各司其职、各负其责的管理体制,权责不清、工作交叉等问题一直没有理顺,遇到突发事件时反应不够灵敏,迫切需要推动流域管理机制从"九龙管水"集中向"一龙管水"转变。从近年来江苏等省市以及福建省部分市县的实践经验来看,河长制是一种行之有效的流域保护管理新机制。水利部已经出台的《关于加强河湖管理工作的指导意见》也鼓励各地推行河长制。

《若干意见》的出台,带动了十余份配套文件出台,也将加快实行河长制、强化流域保护管理推上了真抓实干的新台阶。2014年8月,省政府办公厅印发了《福建省河长制实施方案》(以下简称《实施方案》),使各级各部门流域保护管理责任更加细致、明确、规范化、制度化。

二、建立有效机制、千方百计推动

河长制是一种分级管理、责任到人的新型流域管理机制。《实施方案》规定,每条河流由一名政府领导担任河长,市、县、乡领导任河段长,村级设专管员,其中跨设区市的闽江、九龙江、敖江由三位省领导担任河长,分别确定省环保厅、水利厅、住建厅为联系部门。各级河长、河段长名单由各级政府发文明确,通过当地主要媒体向社会公布,并报上级水资源管理委员会办公室备案。

河长、河段长是包干河流保护管理的第一责任人,负责督导下级河段长和相关部门履行职责,协调河流保护与经济社会发展的矛盾、上下游之间纠纷,组织整改包干河流突出问题,开展水环境应急事件处置,协调处理流域保护管理、水环境综合整治的重大问题。其中,省级河长负责指导实施跨设区市流域保护管理和水环境综合整治规划,协调解决工作中存在的问题,开展督促检查。市、县(区)河长、河段长具体承担辖区内"三条蓝线"划定与管理、河流调查建档、河流管养、水功能区监管、生态保护修复、水环境监管与治理、水环境安全隐患整顿及应急处置、联合执法等工作任务。乡(镇、街道)河长、河段长及村级(居委会)专管员主要做好河道巡查、管理及联络。

明确责任分工后,数十项保障工作开展的有效工作机制也相应建立起来:部门协作的热线联络机制,确保全面了解掌握各地工作进展情况和河段长履职情况;系统联动的应急处置机制,帮助整合环保、水利、国土资源等部门预警预报信息,制订完善突发事件应急处置方案;从上到下的督察通报机制,推动研究解决流域保护管理工作中的重大事项,协调解决遇到的困难和问题;河长逐级述职机制和严格考核机制,推动河长将工作真正落到实处。

一套成熟、完备的河长制工作机制,有效推动了流域内相关部门齐抓共管,形成合力,推动了上下游、左右岸、干支流统筹兼顾,更推动了一级抓一级,层层抓落实。

三、着眼长效管理、开展有益探索

河长制在全省范围内全面推开后,三位担任闽江、九龙江、敖江河长的副省长分别召开了部署动员会议,播放了专门组织拍摄的流域污染状况专题片,并实地考察,面对面分析情况、查摆问题,有针对性地做出部署。

流域管理方面,福建省落实水资源管理"三条红线"制度,启动规划水资源论证制度,要求各地在制定国民经济和社会发展规划、城市总体规划以及重大项目布局时,要与当地水资源条件相匹配,把水资源、水生态、水环境承载能力作为刚性约束和前置条件落实到各项工作中。

流域保护方面,率先启动实施河道岸线和河岸生态保护、饮用水水源地保护、地下水警戒保护"三条蓝线"管理制度,要求在河岸划定一定区域作为河流生态空间管制界限,如流域面积在 1 000 km² 以上的河流,或穿越设区市城区的河段预留不少于 50 m 的区域等;同时总结推广闽江水葫芦整治、莆田南北洋河道水面保洁等市场化运作模式,加快研究河流养护技术标准,鼓励各地更多地采取购买服务方式加强河流管养。

生态补偿方面,在晋江、洛阳江、九龙江、闽江流域实施生态补偿机制的基础上,省政府组织省直有关部门调研起草了《福建省重点流域生态补偿办法》,拟每年筹集 10 多亿元用于流域生态补偿。

各地各部门按照职责分工,划定河道岸线,明确保护范围;开展现状调查,建立河流档案;制订治理方案,拆违清障,整治污染;引入市场化机制,开展河流管养。河长牵头、部门协作、分级管理的流域保护管理工作格局逐步形成。

四、致力典型引导、守护青山绿水

在福建省龙岩市,新罗区境内九龙江各支流和汀江黄潭河的河长已经确定,长汀县通过落实四项措施实现了河长制全覆盖;漳州市实行"分段负责、断面考核、超标处罚"的经验做法,以铁的决心、铁的措施、铁的纪律推动整治工作,让整个九龙江流域水环境更好、水质更优;在三明市大田县,建立了"一图一表一策一考评"的"河长工作机制",并结合最新的通信手段组建"河长易信群",对河长制的工作内涵、落实措施进行了大胆创新。

2011 年以来,全省累计治理水土流失面积 938 万亩,提前一年超额完成"十二五"规划 900 万亩的治理任务。河长制全面推开后,经过综合治理的中小河流,基本实现防洪排涝、水环境治理、水景观建设三位一体;经过水土流失治理的区域,"火焰山"变成"花果山","荒滩地"变成"聚宝盆",全省 12 条河流水域功能达标率和Ⅰ～Ⅲ类水质比例分别为 98.1%、94.4%,水生态水环境得到全面改善。

2014 年年初,福建省提出了在全省全面实施河长制的构想,随后陆续出台了《关于进一步加强重要流域保护管理 切实保障水安全的若干意见》《福建省河长制实施方案》等一系列重要政策文件,要求在全省全面推行河长治河模式,省、市、县、乡四级设置由政府领导担任河长、河段长,并确定其为河流保护管理的第一责任人。从此,福建的水资源管理从过去的"九龙治水"迈向"包河治水"新阶段,使行政资源的调配更为顺畅,也使治水的保障力度空前提升。福建省实行河长制带来了显著变化。福建省流域保护已全面铺开,最严格水资源管理"三条红线"制度得到有效落实,国家下达的水功能区达标率、万元工业增加值用水量控制目标已经提前实现;"三条蓝线"已着手划定,基本完成了乡镇级以上集中式水源保护区的划定工作,累计划定水源保护区 710 个;畜禽养殖污染治理力度加大,共投资 5.97 亿元,关闭拆除生猪养殖场(户)36 379 家;加快推进重点流域上游、饮用水水源等敏感区域的工业污染治理,立案查处涉污企业 37 家;省级挂牌督办突出水环境问题 145 个,立案处罚违法案件 868 件;河砂管理更加严格规范,公安、水利部门联合开展大规模严厉打击非法采砂集中行动,查处非法采砂堆砂场 327 个、非法采砂运砂船 204 艘,形成极大的震慑效应,同时坚持疏堵结合,统筹解决砂石供求矛盾。通过领导挂钩帮扶,部门对口负责,福建省持续推进 22 个重点县、100 个重点乡镇水土流失治理。

2015 年,福建出台《福建省水污染防治行动计划工作方案》,成为全国第一个推出省级"水十条"的省份。短短两个月后,福建再次推出了更细化的"水十条"。当年,闽江、九龙江、敖江流域年度计划重点项目共完成或基本完成 146 项,完成投资额约 17.4 亿元。

2016 年,福建率先实施最严格的河长考核制度,将各地市流域突出问题的解决纳入环保目标责任书进行考核,推进党政同责,督企更督政,同时出台了《福建省地表水水质考核办法(试行)》,从 2016 年 2 月下旬起,福建省环保厅组织 9 个督察组,会同属地环保部门对各小流域进行督察,了解监测小流域水质状况,严肃查处影响水质的各类环境问题。

第十二节　广东省实施河长制的实践

广东省的河长制从城市河流的污染治理发端,先是在淡水河等河流的污染治理中试行,2015 年推广到广州等 10 个市;之后延伸到山区中小河流治理,2016 年印发《广东省山区五市中小河流试行河长制的指导意见》,鼓励韶关等山区五市探索创新、试行河长制。

2016 年 12 月,中共中央办公厅、国务院办公厅印发《关于全面推行河长制的意见》之后,广东省政府、人大和各市都积极行动,制订相应的实施方案或者配套的文件、法规,结合当地实际采取措施落实《意见》。截至目前,广州市已经印发了《广州市全面推行河长制实施方案》,在全省率先构建起市、区、镇、村四级河长体系;《广东全面推行河长制工作方案》已经确定,正在实施,方案将明确广东全面推进河长制的指导思想、基本原则、总体目标、组织体系、主要任务、保障措施。工作方案本着党政主导、高位推动、部门联动的原则,构建五级河长组织体系,以实现"河畅、水清、堤固、岸绿、景美"为总目标,力争 2017 年年底在全省境内江河湖库全面建立河长制,全力打造具有岭南特色的平安绿色生态水网。

广东省人大常委会于 2016 年组织草拟了《省市县人大加强河长制实施情况监督办法(讨论稿)》,致力于创新河长制的有关体制机制,解决跨界河流污染整治中长期存在的多头治水等方面的问题。

另外,河长制的考核督察等配套制度也在抓紧制定,预计在 2017 年年底之前出台。综观广东省河长制的实践情况,从《意见》出台之前的地方试点性工作,到《意见》出台之后的政策落实,整体上表现出两个方面的特征:

一是注重河长制实施中的监督机制。河长制的核心是行政领导挂帅的综合性行政管理机制,以统一决策、共同执法保护水生态环境,但其目标的实现离不开适当的监督机制。广东省在近年的河长制实践以及接下来的《意见》落实中,非常注重相应监督机制的完善,并且从人大监督、社会参与和考核督察三个方面做了规划,当可实现全方位的监督制约,保障河长制的真正落实。

二是注重生态保护目标在河长制实施中的地位。河流污染是当下亟待解决的问题,而水生态维护、水环境质量的整体提升具有更根本和更长远的意义。虽然水污染治理仍是当前的重要目标,但是广东省在落实河长制的方案中已经明确了水生态保护的基本理念,为河长制确定了更高的目标定位。虽然广东省落实《意见》的工作方案还未正式出

台,但是之前的实践和现在的规划都有其独特之处,相信可以为河长制的落实提供借鉴。在此从法律角度分析广东省实施河长制过程中提出的人大监督、村级和民间河长、河长制考核督察以及河湖生态保障措施,以发现其法治导向价值和法律实践意义。

一、河长制人大监督的法制创新

河长制跨部门协同可以较好地解决协同机制中责任机制的"权威缺漏"问题,但是以权威为依托的等级制纵向协同仍会面临"责任困境"等挑战,这就意味着河长制的实施还需要来自外部的监督,才能真正落实责任、实现水环境治理的目标。广东省在河长制的实践过程中已经意识到这一点,省人大常委会也积极作为,不仅在河流治理个案中加强人大监督,而且组织起草了对河长制实施情况进行人大监督的地方法规,拟对监督制度进行规范化,以保障河长制的落实。

尽管各级人大常委会对政府履职状况的监督已有法律规范和保障,但是现实中具体监督范围仍存在争议、监督事项的落实仍存在障碍,总体上人大常委会的监督力度需要进一步提高。广东省人大常委会抓住水环境保护这一社会公众关注的焦点问题,以省人大常委会决议推进重点跨市河流的污染治理,并在治理中全面实施河长制,由流域内政府主要负责人担任河长并制定河长制考核奖惩办法,在流域污染治理中加强人大常委会的监督。

2016年,广东省人大常委会在总结经验的基础上,推进地方各级人大常委会对水环境保护工作的监督,并推动以地方立法规范相关工作,组织草拟了《省市县人大加强河长制实施情况监督办法(讨论稿)》,计划以多种形式规范推进人大常委会对于政府实施河长制、保护水环境工作的监督,目前该项立法工作还在推进中。

以人大常委会监督来推进和保障河长制实施是广东省推进河长制改革的重要特色,尽管相应立法还没有正式出台,但其工作指向和制度设计的创新意义值得总结和推广。首先,人大常委会监督可以为政府实施河长制提供外部动力和考核压力,在我国现行宪法规定的人大与政府关系框架下为河长制的落实提供有力保障。特别是人大常委会对河长制的考核完善了河长制的责任机制,是避免河长制流于形式的重要举措。其次,人大常委会监督可以为河长制的实施预留必要的空间,减轻政府面对社会公众环境诉求的直接压力,避免政府工作从注重经济发展的极端走向只顾环境保护的极端。在推动政府加强环境保护的同时,也不能将政府目标单一化,在社会舆论普遍对环境状况不满的背景下,尤其需要将民意纳入人大机制进行表达和疏解,以人大及其常委会的监督形式表现出来。再次,对河长制实施的监督为人大常委会监督的落实提供了一个立足点,对于贯彻执行人大常委会监督法具有示范意义。

二、村级和民间河长的社会参与

公众参与是环境保护的重要原则,也是符合环境管理特点的富有成效的制度,法律制度也从不同方面逐步扩大了公众参与环境保护的渠道,但在总体上仍存在环境保护的公众参与不足、参与效果不彰的困难。河长制的核心是由政府主要负责人担任河长以保证流域污染治理和水生态保护有充分的权威依托,这看似是与公众参与完全不同的思路,但如果离开了广泛的社会公众参与,其实施过程和实施效果都可能遭遇质疑。

广东省在推进河长制的过程中始终重视鼓励社会公众的参与,借助基层自治组织、居民的广泛参与取得公众支持以保障河长制的顺利实施,并以公众监督来改进政府工作、提升河长制的实施效果。一方面,已经出台的《广州市河长制实施方案》和即将出台的《广东省河长制实施方案》都增加了村级河长制,将建立区域和流域相结合的省、市、县、镇、村五级河长体系。作为村民自治组织的村委会负责人担任河长,其意义与其说是加强行政管理,不如说是扩展公众参与。另一方面,深圳市在贯彻落实《意见》的过程中为更好地配合和支持"官方河长"开展水环境治理工作,面向社会公开招募"民间河长",推动形成全面的水环境保护公众参与机制。

村级河长和民间河长在河长制实施中显然处于从属地位,但是其对于完善河长制的体系、夯实河长制的社会基础、提升河长制的实施效果具有特殊价值。其法律意义至少体现在以下两个方面:一是村级河长和民间河长为公众参与水环境保护提供了重要的制度渠道,具有完善环境保护公众参与制度的价值。公众参与原则在环境法制度中虽有具体规则,但是在实践中仍面临重重困难,村级河长和民间河长是落实河长制的具体制度,规范明确、操作性强,是具有直接实践意义的公众参与制度。二是村级河长和民间河长可以建立政府与公众沟通的重要渠道,将政府在水环境保护方面的工作成绩、困难和计划更有效地传达给社会公众,从而取得公众对于政府相关工作的支持,也使政府的工作成效更直接地获得公众的认可,从而为政府环境保护工作特别是河长制的实施奠定更坚实的社会基础,提高其实质正当性。

三、河长制考核督察的制度保障

河长制以新的形式明确政府负责人的职责权限,重新明确甚至配置了行政权力,但行政权力的运行不仅需要外部的监督和制约,也需要内部的考核和督察。在政治性活动之外,更多的政府活动都属于行政性活动,需要遵循管理科学的规律,不能过分依赖政治性工具而应当以管理科学的方法来解决问责问题。因此,虽然人大监督和社会参与对于河长制的实施都有重要价值,但政府系统内的考核督察仍不失为落实河长制的重要保障,也是检验河长制实施效果的重要形式。

广东省在制订河长制实施方案的同时,已经在制定河长制考核督察等配套制度,并计划在 2017 年年底之前出台。关于考核督察制度的具体内容还未公布,但与河长制实施方案几乎同时推进的工作计划表明政府对于考核督察的重视,也可以反过来促进实施方案的科学化。从行政考核督察的一般规律来看,拟议中的河长制考核督察的内容应包括两个方面:一是河长制实施的形式落实。河长制的实施需要明确担任河长的具体人员、河长的职责权限、工作目标和管理机制,具备这些形式方面是实施河长制的首要条件。二是河长制实施的实质效果。河长制实施后在水污染治理和水生态保护方面取得的实效应当是考核督察的核心方面,河长制实施重要的目标是取得水环境保护成效。

河长制实施的考核督察制度至少在以下方面具有法律意义。首先,河长制考核督察是贯彻落实地方政府环境质量责任制的具体体现。2014 年修订《环境保护法》新增的地方政府环境质量责任制一直存在难以落实的问题,原因之一在于环境质量目标难以确定。

河长制在水环境保护领域确定具体的环境目标,再以考核督察来确保目标实现、追究相应责任,为地方政府环境质量责任制的落实提供了现实路径。其次,河长制的考核督察是贯彻落实河长制的直接保障,可以提高河长制实施的科学性,避免河长制改革的目标落空。再次,河长制考核督察是环保督察制度的重要方面,可以为环保督察制度的完善提供实践经验,促进环境法律体系的完善。

四、河湖全覆盖的生态保护理念

当前,我国的水环境面临的主要问题是污染,河长制的工作目标最初也多被定位于水污染治理。但长期来看,水生态才是水环境保护的关键,治理污染只是改善水生态的第一步。而且地表水系统中河流和湖泊的地位同样重要,建立整体性的水生态保护理念是环境保护的内在要求,也是实现河长制实施目标的需要。

广东省在河长制试点过程中经历了从水污染治理目标到水生态保护目标的转变,起初着力以河长制推动跨界河流的污染治理问题,2016年开始在山区中小河流推广河长制,重在水生态的保护进而为社会发展提供生态屏障,将生态保护理念贯彻到河长制推行过程中,提高了综合防灾减灾能力,打破了区域壁垒,表明河长制在广东中小河流治理中推广应用是可行的。正在拟议的《广东省河长制实施方案》更是体现了覆盖河流和湖泊、区域和流域相结合、污染治理和生态保护并重的河长制推进思路,明确了"打造具有岭南特色的平安绿色生态水网"的目标,体现了将水生态保护作为终目标的河长制实施理念。

河长制不属于典型的法律制度或者典型的道德制度,其法律制度属性和道德制度属性相互影响。在河长制实施中超越水污染治理的短期目标、树立水生态保护的基本理念不仅具有伦理价值,也具有法律制度价值。首先,基本理念对于制度设计具有决定性影响,在河长制实施中确立水生态保护理念将有助于克服具体制度设计的局限性,将生态保护的整体性、系统性反映到具体的制度实践中,从而将水污染治理的短期目标与水生态保护的长期目标统一起来。其次,基本理念也将影响法律制度的实施过程,确立河湖统一、流域与区域配合的整体保护理念有助于克服实践中条块分割带来的工作成效相互减损或者得部分而失整体的弊端,引导水环境管理和执法步入良性发展的轨道。

第十三节　海南省实施河长制的实践

2015年5月,海南省人大常委会执法检查组前往海口、三亚、洋浦等地组织开展了全省《水污染防治法》贯彻实施情况执法检查。检查结果显示,约有10%的地表水存在轻度或中度污染,分布在城市内河、中小河流和江河入海河段,全省18个市(县)的城市内河,仅有60%监测断面符合水环境管理目标(地面水Ⅲ类或Ⅳ类标准)要求,劣于地表水Ⅴ类标准的比例在20%以上,主要分布在海口、三亚等市(县)的部分内河水体。

旅游业是海南的支柱产业,城市内河的严重污染不仅影响百姓生活,也让当地的自然风光"减分"不少。因此,海南省依据"水十条"和海南省人大常委会水污染防治执法检查的要求,于2015年9月17日研究制订《海南省城镇内河(湖)水污染治理三年行动方案》(以下简称《方案》),明确提出全面推行河长制,建立市、县(区)、乡(镇)级负责人层层负责的责任体系。

根据《方案》,从 2016 年开始,海南省将用 3 年时间完成全部 64 条城镇内河(湖)治理任务,分 3 个阶段开展集中打击整治、综合治理、巩固完善工作。各市县在全面推进 64 条河(湖)治理任务的同时,根据水体污染情况,又增加了 28 条,全省实际开展治理河(湖)达到 92 条,实现水污染治理全覆盖。

一、试点河长制阶段

2015 年 9 月,海南试点推行河长制,重点治理鸭尾溪。鸭尾溪是海南省海口市内的一条小河,曾经是市民休闲锻炼的好去处,然而,近 10 年来,鸭尾溪时时散发的恶臭让人避而远之。

经过近一年的治理,鸭尾溪的环境有了明显改善,以往恶臭扑鼻,根本站不住人的河岸,通过清淤、截污、生态修复,于 2016 年 10 月消除水体黑臭,2017 年可实现消除劣 V 类的目标。

除了鸭尾溪,海口的美舍河、沙坡水库等 7 个水体自实施河长制以来,水质也都有所好转,均达到功能区标准要求。2016 年海南全面推行河长制,建立市、县(区)、乡(镇)三级责任体系,市(县)政府分管负责人担任辖区内河(湖)河长,乡镇政府领导担任河段长履行第一责任人职责,河长负责指导制订内河(湖)治理方案,协调、监督内河(湖)水污染治理工作。各市(县)在需要治理的 64 条城镇内河(湖)边显要位置全部竖立了河长公示牌接受社会监督;按照一河一档、一河一策制订治理方案。

推行河长制以来,海南城镇内河(湖)水污染治理取得明显成效,河(湖)断面水环境质量检测指标得到明显好转。全省各市(县)采取截污纳管、河道清淤、雨污分流管网改造等工程措施,推进 64 条城镇内河(湖)综合治理,目前已有 43 个动工治理,有 8 个水体治理基本完成。按水质治理目标评价,全省 64 个监测断面有 28 个水质达标,水质达标率从 2015 年的 4.7% 上升到 43.8%。同时,每年对河长制落实情况实行全面考核,形成了每条河(湖)有人管、有人治的常态化管理新格局。

二、确保河长制落实到位

为确实督促河长履行职责,发挥河长制作用。2016 年 8 月 17 日,海南省水务厅制定了《海南省城镇内河(湖)"河长制"实施办法》(以下简称《办法》),明确河长制组织形式。

《办法》规定,各市(县、区)政府分管负责人担任辖区内河(湖)的河长,内河(湖)流经的乡(镇、街道办事处)政府领导担任河段长,履行第一责任人职责。

海南省政府结合开展生态环境六大专项整治,每半年对河长制履职行为实行一次考核,对河长考核成绩排名靠后、履职不力者将约谈和问责。

2016 年 7 月,由相关厅局分管领导带队,组成 6 个督察组深入市(县)实地考核,完成了第一次考核工作。通过考核,促进了河长发挥作用,推动了内河(湖)水污染治理工程建设,水环境质量得到明显改善。

从法律层面上确定河道的规划、整治、建设、保护、利用,是海南省落实河长制的另一项重要措施。为落实河长制,三亚市人大组织编制了《三亚市河道生态保护管理条例》,

解决了河长制的相关法律法规问题。

为了确保河长制在技术、资金方面不出现问题,海南省通过市场运作,引入社会资本,采取PPP模式,让技术可靠、诚信度高、运行稳定的水环境治理公司和更多社会资本参与到城市内河(湖)污染治理建设中来。海口市采取"PPP+EPC+审计过程监管+专家团队全程咨询"的模式,投资37亿元,治理32个污染水体,并通过政府购买服务,让专业公司管理15年。

如中国葛洲坝集团海口水环境综合治理项目组承担的鸭尾溪水环境15年的运营和管理工作,除了建设期间,15年内,企业要确保水质达到标准。鸭尾溪治理采用"控源截污、消除内源、活水畅流、生态修复、综合整治"的总体思路,分为应急治理阶段和水质提升及综合治理阶段。目前应急治理已实施完成,通过分体式压滤机实施河道清淤,超大流量曝气造流一体机增加溶解氧、铺设生物毯提供微生物生活环境、拓宽过水涵洞等措施,阻止水体继续恶化,初步净化水质达到消除黑臭目标。未来还将实施截污系统完善、生态护岸建设、活水畅流系统改善、水质及景观效果提升等措施。

"十三五"期间,海南将在全省所有江、河、湖泊全面推行河长制,完善省三级河长制责任体系,创新河湖管护长效机制,完善考核监督机制,争取将河长制考核纳入党政领导班子和领导干部政绩考核,对河湖治理管护不力实行"一票否决",并将建立河湖与周边生态环境联建联管机制,实现河更畅、水更清、岸更绿、景更美。

第十四节　四川省广元市实施河长制的实践

根据四川省总河长办公室《关于开展编制一河一策管理保护方案及2017年年度工作清单的通知》(川总河长办发〔2017〕5号)和全市加快推进河长制暨防汛减灾工作会议精神,各级河长要牵头组织开展编制一河一策管理保护方案,并提出年度河湖管理保护工作清单。为规范编制工作,广元市河长制办公室组织技术单位编写了《广元市一河一策管理保护方案编制大纲》(以下简称《大纲》),供市级部门和县(区)参考,《大纲》主要内容整编如下。

一、一河一策方案编制的必要性

实施河长制的核心目标是全面改善河道水质和水环境,切实加强水污染治理和保护,保障区域水生态安全,维护水生态系统功能,实现水资源与水生态环境健康发展。为推进河长制各项目标任务的实施完成,全面贯彻中共中央、省、市关于河长制工作部署和要求,根据广元市具体情况,重点构建四大体系。

一是河流名录体系,对全市实施河长制的河流,全面建立河流名录;

二是河长体系,建立市、县、乡三级同步联动的立体河长体系;

三是一河一策方案,针对不同河流特点和存在的问题,研究制订相应的河流管理保护方案;

四是建立严格的监督、考核体系,针对水量、水质、水功能区、水环境、水生态的要求,制定相应的考核指标体系。

编制一河一策管理保护方案是广元市全面贯彻落实《关于全面推行河长制的意见》的重要举措,是广元市实施河长制,构建河流名录、河长、一河一策方案、监督考核四大体系的重要组成部分,是河长制精准施策的关键。

二、编制的总体要求

(一)编制思路

一河一策管理保护方案编制的总体思路:围绕水资源保护、水域岸线管理保护、水污染防治、水环境治理、水生态修复和执法监管六大任务,按照河流现状特点及存在的问题,提出管理保护的总体目标和具体指标,形成"目标清单";根据管理保护的目标,调查现状水资源、水环境和水生态方面存在的主要状况,分析存在的主要问题,建立"问题清单";以问题为导向,研究各部门的主要任务,制订相应的管理保护河流切实可行的措施方案,建立"任务清单";在明确工作任务和措施方案的前提下,进一步落实政府、社会、企业所有参与者的职责,根据责任情况监督各相关责任主体和参与部门履行职责落实情况,建立"责任清单",形成"1+4"河湖管理保护方案的编写模式。

方案实施后,最终达到全面改善河湖水环境,恢复河湖自然生态,实现河湖功能永续利用,建立河湖长效管理保护机制的目的。

(二)编制范围

广元市境内河流属长江流域嘉陵江水系、渠江水系和涪江水系,全市幅员面积16 314 km²。全市流域面积50 km²以上的河流103条,列入市级河长河流名录的24条主要河流,嘉陵江水系有嘉陵江、南河、双河、西北河、白龙江、平溪河、苍溪河、清江河、大窑沟河、射箭河、毛家沟、沙坝河、张家沟、巩河、白桥河、白溪浩、东河、柳溪河、插江、雍河、文庙河,渠江水系有龙凤沟、印斗沟、长滩河。全市24条主要河流将按照横向到边、纵向到底的要求,编制"一河一策"管理保护方案。

(三)编制水平年

河流基础情况及现状以2016年为基准。24条主要河流编制水平年为2020年。县(区)其他河流可根据本地的具体情况将编制水平年确定为2017年、2018年或2020年。

(四)编制原则

1. 分级编制、分级负责

24条河流一河一策管理保护方案的编制工作由市级河长牵头,市河长制办公室会同市级河长联络员单位负责组织编制。市河长制办公室负责具体落实市级编制单位,并指导市级编制单位开展具体编制工作。市级河长联络员单位负责协助市级河长,协调市级有关部门和县(区)河段长开展工作,县区河段长负责组织编制24条河流所涉河段一河一策管理保护方案。

县(区)辖区内其他河流的一河一策管理保护方案的编制工作,可参考24条河流一河一策管理保护方案的编制模式进行,也可自行设立编制模式。

2. 分类编制、部门负责

编制一河一策管理保护方案按照各行业职能分工分类编制。由河长牵头、各主管部门负责对本行业所涉河流相关内容按照"1+4"编制模式提出本部门四张清单,编制一河

一策方案中涉及本行业相关内容。

3. 同步编制、分步实施

按照"先实施后完善"的工作思路,开展24条河流一河一策管理保护方案的编制工作,同时各县(区)开展辖区内其他河流的一河一策管理保护方案的编制工作。

24条河流一河一策管理保护方案编制,按照"1＋4"工作模式,根据目标清单、问题清单、任务清单、责任清单,形成24条河流的4张2017年年度工作清单,报市级河长批准总河长备案后,组织实施年度河湖管理保护工作。其他河流的一河一策管理保护方案的编制可参照24条河流分年进行,也可自行拟订实施计划。

4. 纵横联动、部门协调

建立纵横联动、部门协作的管理和协调机制,形成大统筹、大协调工作格局。

一是横向统筹、四位一体。24条河流一河一策管理保护方案由市级河长牵头、市河长制办公室会同市级河长联络员单位负责组织市级编制单位开展具体编制工作,市级河长联络员单位负责协助市级河长,协调市级有关部门和县(区)开展工作。

二是纵向联动、市县同步。市级各职能部门,根据职责按照水资源保护、水域岸线管理保护、水污染防治、水环境治理、水生态修复和执法监管六大任务,提出行业具体要求,所涉县(区)职能部门按照市级部门要求向县(区)编制单位提供行业相关资料,同时县(区)按照市的要求,向市编制单位提交相关资料。形成市、县二级联动,同步推动一河一策管理保护方案的编制工作。

5. 因地制宜、精准施策

根据不同区域、不同河流湖库的水资源、水环境现状,因地制宜、有针对性地提出一河一策治理方案。建立健全长效管理机制,妥善处理好上下游、左右岸关系,联动推进治理、管理与保护工作,保障江河湖库水环境持续改善、水功能正常发挥。

(五)河流概况

列入市河流名录的24条河流有嘉陵江、南河、双河、西北河、白龙江、平溪河、苍溪河、清江河、大窑沟河、射箭河、毛家沟、沙坝河、张家沟、巩河、白桥河、白溪浩、东河、柳溪河、插江、雍河、文庙河、龙凤沟、印斗沟、长滩河。

三、主要工作内容

(一)以管理保护总体要求,制定目标清单

以全面改善河湖水环境,恢复河湖自然生态,实现河湖功能永续利用为总目标,各级河(段)长根据管理的河流现状调查情况,以问题评价为导向,牵头制定各条河流的总体目标和分阶段需要达到指标。各行业主管部门根据部门职能,针对河流水量、水质、水功能区、水环境、水生态的具体要求,分解和落实部门职能范围内的具体指标。下级河(段)长制定管理保护河流的目标时,应满足上级河流的相关要求。

(二)以河湖现状调查为基础,建立问题清单

各级河(段)长组织水利、环保、住建、农业、交通等行业部门,按照各行业职能对河流情况进行全面调查,包括河流干支流的水量、水质、功能区、岸线、主要污染物及污染源、船

泊及码头、排污口、水箱养殖、采砂、坡岸水土流失、垦植、沿岸植被,以及跨区域上下游的综合情况等。

根据调查情况,进行分类汇总整理,把整理出的问题归类到各行业部门,各行业部门对归类问题全面分析研究,列出问题清单。

(三)以问题为导向,细化、实化任务和措施清单

各级河(段)长坚持以河流现状问题为导向,围绕《关于全面推行河长制的意见》提出的水资源保护、水域岸线管理保护、水污染防治、水环境治理、水生态修复、执法监管六大任务,落实《广元市全面落实河长制工作方案》对市级各职能部门职责分工,督促各部门按照部门职责,细化实化部门工作任务。

各行业主管部门应按照任务分工及河(段)长的统一要求,制定切实可行解决河湖管理保护中的突出问题的对策措施,提高方案的针对性、可操作性。对江河湖泊,要强化水功能区管理,突出保护措施,特别要加大江河源头区、水源涵养区、生态敏感区和饮用水水源地保护力度,对水污染严重、水生态恶化的河湖要加强水污染治理、节水减排、生态保护与修复等。对城市河湖,要处理好开发利用与保护的关系,维护水系完整性和生态良好,加大黑臭水体治理;对农村河道,要加强清淤疏浚、环境整治和水系连通。要划定河湖管理范围,加强水域岸线管理和保护,严格涉河建设项目和活动监管,严禁侵占水域空间,整治乱占滥用、非法养殖、非法采砂等违法违规活动。

(四)落实职责,强化监督考核

根据《广元市全面落实河长制工作方案》对市级各职能部门职责分工要求,明确河长及各职能部门的职责。各职能部门依据河湖现状调查评价结论提出问题清单,结合"六大任务"要求,各职能部门按照其职责,针对不同的污染情况,找出解决问题清单所涉及的单位、企业或个人,并明确目标任务落实责任。

各级河(段)长牵头,按照任务清单,根据各职能部门行业要求制定考核指标,出台考核、督办制度,明确对各职能部门和下级河(段)长进行考核,鼓励先进、激励后进。

四、编制方法、组织形式及时间进度安排

(一)编制方法

(1)市级各部门根据"六大任务",按照部门分工、职责要求,可参考本《大纲》的编制内容,按照本行业的具体要求,指导各县(区)开展编制工作。

(2)编制一河一策管理保护方案时间紧、任务重,加之此项工作涉及部门多,为全面落实实施河长制的各项任务,指导县(区)尽快开展相关工作,按照"先构建后完善"的总体要求制定本《大纲》。各县(区)编制方案的体例格式不限于本《大纲》要求,允许根据实际情况探索创新,但主要内容应涵盖目标、问题、任务、责任四大部分。

(3)方案的编制可以根据各县区、各部门的目标要求,制订编制计划,可以分年度编制,也可以分多个年度编制,重点是落实近期目标和分年度任务分解。

(二)组织形式

(1)广元市一河一策管理保护方案的编制由市级河长牵头,市河长制办公室会同市

级河长联络员单位组织配合编制单位负责编制。

（2）市河长制办公室负责编制方案的协调和督促工作，研究解决编制工作中的重大问题，并报市级河长。负责督促县（区）、各参与单位提供相关资料和成果，并负责对提交成果进行验收。

（3）市河长制办公室会同市级职能部门组织24条河流管理保护方案编制工作，负责编制方案的协调和督促工作。

（4）县（区）河长制办公室负责向市河长制办公室提交24条河流所涉河段一河一策管理保护方案，县（区）各职能部门负责向上级部门提供基础资料和相关成果。

（三）工作控制进度

（1）2017年5月10日前，确定一河一策管理保护方案编制单位。

（2）2017年5月15日前，市级有关部门提出行业要求，指导各县（区）编制24条河流（河段）4张2017年年度工作清单，报市河长制办公室。

（3）2017年5月，召开第一次一河一策管理保护方案编制工作会议（市级河长主持）。

（4）2017年5月20日前，市河长制办公室组织市级编制单位完成24条河流4张2017年年度工作清单汇总整编工作，报市级河长批准和总河长备案。各级河（段）长根据工作清单开展河流管理保护工作。

（5）2017年5月20日前，市级有关单位按照职责分工，分河流河段按所属行业提出具体的编制要求，并指导所涉县（区）河段开展一河一策管理保护方案编制工作。

（6）2017年6月10日前，所涉县（区）编制完成24条河流一河一策管理保护方案，报市河长制办公室。

（7）2017年7月，市河长制办公室会同市级河长联络员单位，汇总编制完成24条河流一河一策管理保护方案（讨论稿）。

（8）2017年8月上旬，24条河流一河一策管理保护方案（讨论稿）送市级有关部门讨论修改。

（9）2017年8月中旬，召开第二次一河一策管理保护方案编制工作会议，初审一河一策管理保护方案（讨论稿）。

（10）2017年8月下旬，编制完成24条河流一河一策管理保护方案（征求意见稿）。

（11）2017年9月，市河长制办公室将24条河流一河一策管理保护方案（征求意见稿）下发县（区）征求意见，并汇总意见。

（12）2017年10月，完成24条河流一河一策管理保护方案（送审稿）。

（13）2017年11月中旬，市级河长主持召开会议，审定相应河流一河一策管理保护方案（送审稿）。各县（区）在编制单位的指导下提出2018年年度河湖管理保护工作清单并上报市河长制办公室。

（14）2017年12月底前，编制完成24条河流一河一策管理保护方案和2018年年度河湖管理保护工作清单，报总河长批准执行。

附件

《广元市××河一河一策管理保护方案》目录（参考提纲）

1 方案编制必要性
2 编制范围、指导思想与基本原则
    2.1 编制范围
    2.2 指导思想
    2.3 基本原则
    2.4 编制依据
3 河流管理保护目标
    3.1 规划期
    3.2 总体目标
    3.3 具体指标
4 河湖现状调查评价及问题分析
    4.1 流域概况
    4.2 基础资料收集整理
    4.3 流域污染源调查评价
    4.4 存在的问题分析
5 河流管理保护的主要任务和对策措施
    5.1 主要任务
    5.2 对策措施
6 落实职责分工、强化监督考核
7 保障措施

第五章 流域管理机构实施河长制的实践

■ 第一节 太湖局实施河长制的实践

太湖流域人口稠密、财富聚集,河湖纵横、水网密布,治水任务艰巨复杂。为深入贯彻落实《关于全面推行河长制的意见》,按照水利部要求,太湖流域管理局(以下简称太湖局)主动担当,积极作为,明确提出把河长制工作作为当前流域水利工作的重中之重,举全局之力推动流域片在一年内率先建成科学规范的河长制体系。

一、突出流域特色,坚持问题导向

《关于全面推行河长制的意见》出台后,太湖局迅速响应、积极行动,在对流域片河长制工作进行全面深入调研基础上,紧密结合太湖流域特点,商江苏、浙江、上海、福建、安徽有关部门,于2016年12月21日第一时间制定出台了《关于推进太湖流域片率先全面建立河长制的指导意见》(以下简称《指导意见》)。在总体目标上,《指导意见》提出三个层层递进的"率先"目标,即在全国率先全面建成河长制、率先建成现代化水治理体系、率先实现水生态文明。在工作目标上,《指导意见》提出明确的时间节点:2017年6月底前,出台省级河长制工作方案;2017年年底前,流域片率先全面建成省、市、县、乡四级河长制,有条件的地方,特别是平原河网地区积极探索河长向村(社区)拓展,力争建成五级河长制。这意味着太湖流域片将比中央的要求提前一年全面建成河长制。

这一目标的提出是基于流域特点和扎实的工作基础。太湖流域所处的地区是我国经济腾飞的引擎之一,流域经济发展水平高,人民收入水平高,对优美的生态环境和健康的水源要求更迫切。同时,太湖流域地处江南水乡,河网密布,依水而建、因水而兴,但在经济社会快速发展过程中逐渐为水所困、受水所制。在流域片率先全面建立河长制,中央有要求,地方有实践,经济有基础,群众有期盼,因此当时在《指导意见》征求地方意见时,流域片内五省(直辖市)普遍呼应赞成。

在河长设置上,《指导意见》明确了分级设置河长的要求,提出了建议由省级党政领导担任河长的主要河道(湖泊)名录。环太湖入湖河道、平原区省界河流等重要河道,结合河湖自然特点、治理目标等因素,积极探索分片打捆,设置省级河长(片长)。省(直辖市)内河湖应根据具体情况,将河湖管理保护划分到市、县、乡,明确各级河长设置要求,公布各级河湖名录。平原河网等地区积极探索设置村级河长(片长),实施区域河长制网格化管理,实现全覆盖。

突出问题导向、坚持因地制宜是确保河长制推行实效的关键,核心是从不同地区、不同河湖实际出发,统筹上下游、左右岸,实行一河一策、一湖一策,解决好河湖管理保护的突出问题。以此为原则,《指导意见》在工作任务的确定上,奔着问题去、跟着问题走,在中央要求的全面加强水资源保护、河湖水域岸线管理保护、水污染防治、水环境治理、水生态修复和加强执法监管任务基础上,充实任务指标,提出加强水资源保护与管理、加强上游源水区和水源地保护、全面保护河湖生态空间、加快推进黑臭河道综合整治、大力推进河湖水系连通和清淤疏浚、全面强化依法管水治水、强化规划指导约束、积极创新河湖管护体制机制等八项任务。在实际操作中因地制宜,突出流域特色,比如,黑臭河道是太湖流域片普遍存在的问题,把加快黑臭河道综合整治列为八项任务之一。流域片各地结合实际,分别提出了治理目标和时间表,上海提出到2017年年底前全市河道基本消除黑臭,浙江提出2017年剿灭劣Ⅴ类水,江苏提出2017年要整治100条黑臭河道并明确整治名单。

二、把握职责定位,主动靠前服务

河长制的本质是一场水治理体系的变革,在这场变革中,流域管理机构如何发挥好作用是一项新的课题。水与大气等其他环境要素的最大不同之处,在于其最基本的属性是以流域为单元。因此,治理水环境、保护水资源的基本路径,需从流域尺度着手。同时,治水涉及上下游、左右岸、不同行政区域和行业,是一项复杂的系统工程,需要调动各方面资源。党政领导有整合资源的优势,河长制应运而生。依据水利部、环保部《贯彻落实〈关于全面推行河长制的意见〉实施方案》,流域管理机构要充分发挥协调、指导、监督、监测等作用。

太湖局对照中央精神和水利部要求,紧扣职责定位,在局内讨论时迅速达成共识:协调——协调区域间特别是省际水利工作;指导——在工作推动及技术上对地方进行指导;监督——代表水利部对流域片推进河长制工作进行监督;监测——提供权威、准确、经得起检验的省界断面水质监测结果。归结起来一句话——举全局之力,将推进河长制作为工作重中之重,主动靠前服务,为地方提供可操作、可借鉴的举措指南,搭建互相交流、互促互进平台,推动流域片内五省(市)率先全面建成河长制。

继《指导意见》出台之后,太湖局助推流域片河长制工作的一系列动作密集展开。2017年2月,太湖局出台贯彻落实河长制实施方案,成立太湖局推进河长制工作领导小组,由主要负责人担任组长,全面加强对推进河长制工作的组织领导;领导小组下设办公室,从相关部门抽调骨干力量,集中办公,2月中旬正式启动,实体运作;建立局领导分片联系、业务部门对口跟踪机制,指导各地开展河长制工作,帮助协调解决重点难点问题。

为了抓好落实,把八大任务细分为14项工作、58个子项,明确牵头领导、主办和协办部门以及时限要求,确保责任落实到人、任务落实到处。2017年2月中旬至3月上旬,按照水利部督导检查制度要求,太湖局负责人带队先后赴福建、安徽、江苏、上海、浙江督导河长制工作。在调研督导中,太湖局与地方人民政府和有关部门深入座谈,抓关键问题、抓实质内容、抓管用举措,共同分析研究,有针对性地进行分类指导,将先进地区较为成熟、可以复制推广的实践经验提供给地方参考,帮助地方解决难点和重点问题。2017年3月,太湖局在河长制发源地江苏省无锡市组织召开了太湖流域片河长制工作培训班暨现场交流会,邀请水利部河长办主要负责同志作辅导报告,流域片各省(市)水行政主管部门负责同志介绍本地区河长制工作进展情况和下阶段计划,市、县、乡、街道等不同层级河长代表交流做法经验,并实地考察了河长制工作现场。会议总结前阶段流域片河长制工作进展,分析当前存在的问题和薄弱环节,坚持问题导向,对进一步加快后续工作进行了研究部署。此外,为了方便更广泛的经验交流,太湖局门户网站还开设了河长制工作专栏。

三、责任扛在肩上,使命放在心上

在中央文件下发后,流域片五省(市)党政主要领导高度重视河长制工作,迅速做出指示批示,亲自部署制订省级工作方案,推动河长制工作加快落实。3月中旬五省(市)河长制工作方案已全部经党委、政府批复,正式印发。流域片各地结合实际,聚焦河湖突出问题,进一步明确河湖治理和管护的目标任务,着力强化制度建设,落实各具特色的河长制工作措施。

江苏省提出在2017年5月底前全面建立省、市、县(市)、乡镇、村五级河长体系,6月底前基本建立全省河长制配套制度体系;3月15日省政府举办全面推行河长制新闻发布会,3月28日就《江苏省河道管理条例(草案)》征求公众意见,为河长制立法。

浙江省在已经形成五级联动、河流全覆盖的河长制体系的基础上,提出进一步完善五级河长体系,并因地制宜延伸到沟、渠、塘等小微水体;将河长制落实情况纳入对各地"五水共治"和生态省建设工作考核范围,考核结果作为党政领导干部综合考核评价的重要依据;出台了《河长巡查工作细则》,正在起草关于河长制工作的省内法规。

上海市于2月6日和3月22日先后向社会公布了两批河长名单,要求2017年年底前实现全市河湖河长制全覆盖,目前全市16个区的河长制实施方案都已形成,15个区正式印发;建立了市河长制联席会议制度,由副市长(市副总河长)任总召集人,市政府分管副秘书长任副总召集人。

福建省着力强化河长制机构能力建设,省级河长办设在水利厅,主任由厅长兼任,水利厅、环保厅各选派一名专职副主任,住建厅、农业厅各明确一名兼职副主任,相关部门派员到河长办挂职,定期轮换,新设立河务管理中心为河长制工作提供技术支撑,按照省级实施方案明确的时间表加快推进,各机构均于3月开始实体运作。目前10个地市已印发实施方案,83个县(市、区)出台了实施方案。

安徽省明确6月底前,市、县级出台本级工作方案、相关工作制度和考核办法,力争10月底前,制订市、县主要河湖"一河一湖一策"实施方案,年底前全面建立河长制体系。

2017年3月23～27日,水利部工作组深入江苏省、上海市、浙江省检查太湖流域防汛抗旱防台风准备工作、调研河长制工作时,对太湖流域片河长制工作给予了充分肯定:"太湖流域推行河长制工作起步早、行动快、措施实,取得了初步成效,积累了宝贵经验。"

尽管太湖流域片河长制探索起步早,有较好的工作基础和先发优势,但对照中央要求,一些地区还存在河长制任务落实不全面、进展不平衡、制度不完善等问题。为实现流域片提前一年率先全面建成河长制的目标,太湖局将按照中央要求,把责任扛在肩上,把使命放在心上,进一步凝心聚力、真抓实干,紧盯目标、持续发力,积极与各地协调配合,在高起点上打造太湖流域片河长制"升级版",率先全面建成河长制体系,努力开创河湖管理保护工作新局面,为加快生态文明建设、服务区域经济社会发展提质增效做好基础支撑。

一是继续加强对流域片河长制工作的调研指导,指导各地抓紧编制完成市、县、乡级工作方案,细化实化任务措施,科学制定"一河(湖)一策",大力推广河长制 APP、微信公众号等行之有效的做法,因地制宜地建设河长制管理信息平台,提高河长制监督考核的科学化、精细化水平。

二是充分利用流域水环境综合治理水利工作协调小组、环太湖城市水利工作联席会议等已建协商平台,探索建立入太湖河道、重要跨省河湖河(湖)长联席会议制度,协调解决重点难点问题。

三是不断总结推广各地河长制成功经验,通过组织现场交流、编发典型案例、网站集中展示等形式,促进各地相互学习借鉴,统筹提升流域片河长制工作整体水平。

四是组织开展系列宣传报道,举办河长制知识竞赛、大学生暑期社会实践、志愿者公益服务等活动,引导公众参与,营造良好氛围。

五是适时开展河长制督导检查,按照一省一单的方式,向流域片省(市)通报督导检查结果及建议,督促整改落实。

六是强化监督监测,组织做好省际边界水体和主要入太湖河道控制断面的水质监测,为河长制监督考核提供基础依据。

第二节 长江委实施河长制的实践

全面推行河长制是促进流域绿色发展的重大契机,是强化流域综合管理的重要手段,是促进流域管理体制机制改革的新动力。《贯彻落实〈关于全面推行河长制的意见〉实施方案》中,明确提出流域管理机构要充分发挥协调、指导、监督、监测等作用。长江水利委员会(简称长江委)准确把握全面推行河长制的职责定位,立足流域工作实际,从强化流域统筹协调、加强业务和技术指导、严格监督管理、强化流域监测监控等四个方面,充分发挥好流域机构的作用,做到守河有责、守河担责、守河尽责。

一、充分认识全面推行河长制的重大意义

(1)全面推行河长制是落实绿色发展理念、推进生态文明建设的内在要求,是促进流域绿色发展的重大契机。党的十八大以来,党中央提出"五位一体"总体布局和"四个全面"战略布局,把生态文明建设摆在实现中华民族伟大复兴中国梦的突出位置。习近平总书记在推动长江经济带发展座谈会上强调,要把修复长江生态环境摆在压倒性位置,共抓大保护、不搞大开发,推动长江经济带发展要走生态优先、绿色发展之路,使绿水青山产生巨大生态效益、经济效益、社会效益,使母亲河永葆生机活力。水是生态系统中最为活跃、最重要的控制要素,河湖是生态空间的重要组成部分,是维系优良生态的关键载体和能动因素,水利是生态文明的核心内容。

据全国第一次水利普查成果统计,长江流域(片)内流域面积 50 km² 以上河流共

15 196条,总长度48.58万 km,常年水面面积 1 km² 以上的天然湖泊992个。这些江河湖泊,不仅是宣泄和调蓄洪水的重要场所,也是我国重要的生态宝库、水资源配置的战略水源地和横贯东西的"黄金水道",是流域经济社会可持续发展的重要依托,更是孕育了灿烂的长江文明和子孙后代赖以发展的珍贵资源。保护好流域河流湖泊,事关生态文明建设顺利推进,事关人民群众福祉,事关中华民族长远发展。长江委作为长江流域河湖的代言人,坚决落实中央部署,抓住全面推行河长制的契机,切实落实绿色发展理念,大力推进生态文明建设,确保一江清水延绵后世。

(2)全面推行河长制是解决复杂水问题、维护河湖健康生命的有效举措,是强化流域综合管理的重要手段。习近平总书记多次强调,当前我国水安全呈现出新老问题相互交织的严峻形势,特别是水资源短缺、水生态损害、水环境污染等新问题愈加突出。

河湖水系是水资源的重要载体,河湖沿岸是人类活动的密集地域,也是新老水问题最为集中的区域,不重视河湖保护,人类生存发展与河湖健康之间的矛盾将日益突出。当前长江流域过度开发水资源、违法侵占河湖水域、超标超量排污、非法采砂等现象时有发生,导致部分河湖水域萎缩、水体质量下降、生态功能退化,严重威胁河湖健康,影响河湖综合功能的永续发挥,需要我们高度重视。全面推行河长制,以维护河湖健康生命、实现河湖功能永续利用为目标,以保护水资源、防治水污染、改善水环境、修复水生态为主要任务,坚持问题导向,因地制宜、因河施策,抓住了目前河湖治理与保护中的突出问题。河长制要求建立责任明确、协调有序、监管严格、保护有力的河湖管理保护体制,在强化党政领导负责制的同时,还强调流域的统筹协调,这些重大举措是对目前流域和区域相结合的河湖管理体制的强化,党政领导负责制增强了河湖管理的执行力,为流域综合管理奠定了更加坚实的基础。我们要顺势而为,将全面推行河长制与流域综合管理深度融合,进一步提升流域管理的效能。

(3)全面推行河长制是完善水治理体系、保障国家水安全的制度创新,是促进流域管理体制机制改革的新动力。河湖治理是复杂性的系统工程,山水田林湖是一个生命共同体,河流湖泊是流动的生命系统。长江流域水系治理面临多重任务,水污染风险大、水资源供需矛盾加剧、水资源利用效率不高、江湖连通性下降、河湖生物多样性降低等问题,都会影响河湖综合功能发挥。河湖的"病"表现在水里,根子在流域和面上,根子在人们的生产、生活方式上。全面推行河长制,党政领导负主要责任,河长作为责任主体和考核对象,有责任也有条件实现陆水统筹、部门联动,调动多方力量,形成共同治理保护河湖的新局面。河长制的推行,更加强调部门协同和区域联防联控,对流域综合管理提出了新任务、新要求,为水资源保护、水功能区管理和河湖管控提供新抓手,为流域管理体制机制改革提供新动力。面对新形势、新要求,我们要准确定位,主动作为,加强内部协同和外部协调,积极开展流域管理体制机制创新。

二、深刻领会全面推行河长制的任务要求

全面推行河长制,必须深入贯彻党的十八届三中、四中、五中、六中全会精神和习近平总书记重要讲话精神,牢固树立创新、协调、绿色、开放、共享的理念,认真落实党中央、国务院决策部署,坚持节水优先、空间均衡、系统治理、两手发力,以全面建成省、市、县、乡四

级河长体系和河湖管理保护长效机制为目标,为维护河湖健康生命、实现河湖功能永续利用提供制度保障。

全面推行河长制,要坚持生态优先、绿色发展,坚持党政领导、部门联动,坚持问题导向、因地制宜,坚持强化监督、严格考核,这些原则是全面推行河长制的根本遵循。生态优先、绿色发展是全面推行河长制的立足点,核心是把尊重自然、顺应自然、保护自然的理念贯穿到河湖管理保护与开发利用的全过程,协调人水关系,维护河湖生命健康。党政领导、部门联动是全面推行河长制的着力点,核心是建立健全以党政领导负责制为核心的责任体系,将河湖管理保护难题作为"一把手"工程,明确各级河长职责,协调各方力量,形成责任明确、层层落实的河湖管理保护新格局。

问题导向、因地制宜是全面推行河长制的关键点,核心是从不同地区、不同河湖的实际出发,统筹上下游、左右岸,实现陆水共治,在统筹流域治理保护总体要求的基础上,因河施策,综合治理,发挥不同行业、不同领域、不同部门、不同地区的合力,着力解决好河湖管理保护的突出问题。

强化监督、严格考核是全面推行河长制的支撑点,核心是建立健全河湖管理保护的监督考核和责任追究制度,确保全面推行河长制各项工作落到实处、取得实效,凝聚全社会珍爱河湖、保护河湖的强大合力。

《意见》明确了推行河长制的主要任务,即加强水资源保护、水域岸线保护管理、水污染防治、水环境治理、水生态修复和执法监管。这六大任务抓住了当前群众反映强烈、直接威胁水安全的突出问题,需要各级河长和各部门结合河湖实际,下大力气加以解决,确保人民群众不断感受到河湖生态环境的改善,让人民群众在河湖治理与保护发展过程中有获得感。

要完成好六项突出任务,通过河长制实现"河长治",需要在以下方面重点关注:

一是确定河湖分级名录,确保每一条河流、每一个湖泊都有与其重要性相适应的河长,确保河湖治理与保护的责任落到实处。

二是加强分类指导。河湖水情不同,经济社会发展水平不一,河湖管理保护面临的突出问题也不尽相同,必须坚持问题导向,找准产生问题的根源,标本兼治,统筹推进。对于生态环境良好的河湖,要加强保护;对于水污染严重、水生态恶化的河湖,要强化水功能区管理,加强水污染治理、节水减排、生态保护与生态修复。对城市河湖,要加强水域空间管控,加强河湖的生态化治理,加强黑臭水体治理力度,维护水系完整性,促进水系连通和生态修复;对农村河湖,要加强清淤疏浚、环境整治和水系连通,做好美丽乡村建设。

三是着力强化统筹协调。河湖管理保护既要分段、分片,又要从流域的视角加强综合治理和统筹协调,重视水文过程的循环和生态系统的完整性,统筹上下游、左右岸、干支流,强化流域综合规划的约束,汇聚水利、环保、国土、农业、林业、交通等多部门的合力。对于跨省河湖,要根据流域治理保护的总体要求,科学分解区域管理保护责任,加强系统治理和统筹协调,实行联防联控。

四是要加强依法管理,完善长效管理机制。健全河湖及其流域管理的法规制度体系,抓紧完善适应当地特点的河湖治理与保护的法规制度,完善行政执法与刑事司法的衔接机制,确保河湖管理保护有法可依、有章可循。要依法划定河湖管理范围,加强水域岸线

分区管理和用途管控,加强涉河建设项目和活动的日常巡查与执法监管,加强大江大河重点河段和省际边界敏感水域的联防联控,严厉打击各类涉河违法违规行为。

三、准确把握推行河长制的职责定位

在水利部、环境保护部印发的《贯彻落实〈关于全面推行河长制的意见〉实施方案》中,明确提出流域管理机构要充分发挥协调、指导、监督、监测等作用,为流域机构开展工作指明了方向,明确了职责。长江委准确把握全面推行河长制的职责定位,立足流域工作实际,从强化流域统筹协调、加强业务和技术指导、严格监督管理、强化流域监测监控等四个方面,充分发挥好流域机构的作用,做到守河有责、守河担责、守河尽责。

协调是流域管理机构在推进河长制中的最重要职责,主要体现在管理体制机制创新、法律法规完善、规划约束和跨区域协调上。在管理体制机制创新方面,要探索建立流域管理议事决策机构,统筹研究和解决流域管理中的重大问题,创新跨省河湖联防联治的组织模式。在法规制度完善方面,要加快推进《长江保护法》的立法进程,并纳入河长制的相关内容;完善流域水资源保护、水域岸线管理、水污染防治、水环境治理、水生态修复等方面的规章制度;根据河长制取得的经验,适时对现有法规制度进行修订。在强化规划约束方面,应将流域涉水事务统一到长江流域综合规划范畴,实现多规合一,强化规划刚性约束;统筹协调流域涉水专项规划编制,完善流域河湖管理规划体系;抓好《长江岸线保护和开发利用总体规划》《长江经济带沿江取水口排污口和应急水源布局规划》等规划的贯彻落实。在跨流域协调方面,加强流域控制性水利工程的统一调度,做好汉江等河流水量调度,保障南水北调工程调水及中下游用水需求;推动信息共享;协调上下游、左右岸的关系。指导是水法赋予流域机构的职责,主要体现为河湖治理保护的规划指导和技术支撑。在规划指导方面,应按照因地制宜、因河施策的原则,在河段治理上贯彻流域治理的思路和总体要求,将规划的任务和约束性指标分解至区域和河段,指导各级河长将流域规划要求落实到不同层级河流和区域。在技术支撑方面,指导各地制定河湖分级名录;提出用水定额和水功能区纳污能力的指导意见;指导跨省河(湖)科学制定河长制考核指标体系;围绕有关问题开展基础研究,加强河湖治理重大课题研究和技术指导,推广应用新技术、新工艺、新设备,及时出台相关技术指引;及时开展河长制考核指标体系、制度建设、组织保障、实施效果等方面的跟踪调研,总结河长制推行过程中的经验教训,研究解决全面推行河长制工作中遇到的新问题,凝练可复制、可推广的好经验、好做法。

监督是流域机构推行河长制的重要抓手。要认真落实最严格水资源管理制度,以水资源消耗总量和强度"双控"为抓手,强化"三条红线"刚性约束,督导落实《水污染防治行动计划》;做好河流水量分配方案编制,严格取水许可审批和监督管理;推进全面加强水功能区、入河排污口和重要饮用水源地监督管理,定期发布水资源质量公报和超标省界缓冲区通报;开展重要水域健康评估试点工作,实施河湖生态流量监管和水库生态调度。强化河湖管理与保护,督导划定河湖水域管理范围,加强水域岸线分区管理与用途管控,严格涉河建设项目审批和监督管理,建立健全岸线功能区管理制度;协调对违法违规占用河湖水域岸线活动开展清理整治;根据水利部统一部署,做好流域内全面推行河长制的督导检查,通报工作进展,针对督导检查发现的突出问题,提出有关意见和建议。

河流综合监测既是流域机构重要的日常工作,也是流域机构充分发挥指导、协调、监督作用的重要抓手。要进一步完善长江流域(片)流域管理综合监测站网;加强省界断面、重要水功能区、重要入河排污口、地下水监测点的水质监测;加大跨省河湖、重点水域监督性巡测力度;加强三峡、丹江口库区等敏感水域富营养化问题的专题监测;加大河道崩岸及关键河段河势变化监测力度,及时发现和通报长江流域(片)河湖管理保护存在的突出问题,为各地河长制考核提供权威监测数据。

总之,全面推行河长制是党中央、国务院为加强河湖管理与保护做出的重大部署,是水治理体系的重大改革。全面推行河长制,既是水生态文明建设对流域管理机构的客观要求,也是流域机构义不容辞的责任。

长江委主动作为,成立了工作领导小组,制订了工作方案,召开了工作推进会,及时出台了配套规划,并派出6个工作组对江西、湖北、湖南、重庆、四川、西藏6个省(区、市)全面推行河长制工作进行首次督导检查,有序推进了长江流域全面推行河长制的各项工作。下一步,将围绕流域机构的工作职责,继续强化措施,加快推进流域全面推行河长制工作。重点围绕新出台《长江岸线保护和开发利用总体规划》《长江经济带沿江取水口排污口和应急水源布局规划》的实施,督促将规划落实情况纳入各级河长制考核内容,采取严格审查审批、提升管理能力、强化监督监管、开展规划落实情况调查、编制岸线和河段开发利用市场准入负面清单及督促各地做好岸线、排污口清理整顿等措施,狠抓两个规划的实施工作,力争取得实效,不断开创长江流域河长制工作的新局面。

第三节　黄委实施河长制的实践

中共中央办公厅、国务院办公厅《关于全面推行河长制的意见》出台以来,黄河水利委员会(简称黄委)按照水利部的部署,成立了全面推进河长制工作领导小组,印发了《黄委关于贯彻落实全面推行河长制的工作意见》,主动向流域(片)省(区)发函,就全面推行黄河河长制提出建议,印发了《黄河流域重点关注河湖名录》,制订了《黄委推进河长制工作督导检查工作方案》,建立了推进河长制工作月报制度,设立黄委推进河长制工作联络群。黄河流域片地方各级党委、政府和有关部门高度重视,把全面推行河长制作为重大任务,党政主要领导同志亲自协调、强力推进,明确牵头领导,落实工作部门,细化责任分工和工作任务,全面完成省级工作方案编制,积极推进河长组织体系建设,河长制工作成效初显,全社会河湖保护意识明显提高。

一、成立机构,明确职责

全面推行河长制对黄委来说是一项全新工作,涉及各级管理单位及多项管理业务,同时还需要加强与地方党委、政府联系协调。为了切实加强组织领导,加快推进黄河流域(片)河长制工作,黄委成立了全面推进河长制工作领导小组,由黄委主任任组长,其他有关委领导任副组长,机关有关部门、委属有关单位主要负责同志为成员,领导小组下设办公室。领导小组主要职责是负责贯彻落实党中央、国务院、水利部关于全面推行河长制的决策部署,加强黄委推进河长制工作的组织领导,拟定和审议推行河长制工作的重大措施,指导督促黄河流域(片)全面推行河长制,协调解决推行河长制工作中的重大问题,加强对推行河长制重要事项落实情况的检查督导等。山东河务局、河南河务局、黄河上中游管理局、黑河流域管理局、黄河流域水资源保护局、山西河务局、陕西河务局等单位分别成立了推进黄河河长制工作领导小组。

为进一步做好相关工作,黄委所属单位按照水利部推进河长制工作部署,结合黄河实际,重点就流域机构在全面推行河长制工作中如何履行职责进行了不同层面的广泛研讨。2017年1月4日,黄委召开主任专题办公会研讨黄委推进河长制工作,机关各部门及委属有关单位针对全面推行河长制交流工作开展情况,提出工作建议。黄委结合黄河流域管理工作实际,制定印发《黄委关于贯彻落实全面推行河长制的工作意见》,研究提出黄河流域纳入省级河长制的河湖名录。

为更好地发挥流域管理机构协调指导职能,委属各级管理单位主动与地方党委、政府加强联系,沟通河长制有关工作。黄委先后向7省(区)人民政府发函,就全面推行黄河河长制有关事宜提出建议。

二、完善河长制管理制度

2017年5月,黄河流域(片)推进河长制工作座谈会决定成立黄河流域(片)省级河长制办公室联席会议制度。联席会议成员组成包括黄河流域(片)的青海、四川、甘肃、宁夏、内蒙古、陕西、山西、河南、山东、新疆等省(区)和新疆生产建设兵团省级河长制办公室负责人,以及黄委有关部门和单位负责人。联席会议制度的建立,将黄河流域管理与区域管理有机结合,进一步加强流域(片)各省(区)河长制工作的协调、配合,有效推进河长制工作的全面开展。

联席会议由黄委召集,并负责联席会议的日常工作。联席会议分为全体成员联席会议和专题联席会议,全体成员联席会议原则上每年召开1次。联席会议将在各方充分发扬民主的基础上,围绕黄河水资源保护、水域岸线管理保护、水污染防治、水环境治理、水生态修复、执法监管等任务,研究探讨河长制工作中出现的疑难问题、共性问题的对策措施和政策建议,协调解决河长制工作中涉及上下游、左右岸省际间的相关问题,以及其他需要协商解决的事项,推进工作规范有序有效开展。

水是生态系统的控制要素,河湖是生态空间的重要组成,水利是生态文明建设的核心内容。全面推行河长制是推进生态文明建设的必然要求,是解决我国复杂水问题的有效举措,是维护河湖健康生命的治本之策,是保障水安全的制度创新,是中央做出的重大改革举措。全面推行河长制,为解决黄河治理保护的突出问题提供了有利契机,为确保黄河流域水安全提供了制度保障,为完善流域管理提供了有力抓手。

在今后的工作中,黄委将增强担当意识,积极主动作为,进一步做好黄河河长制建设各项工作。

一要坚持生态优先、绿色发展。要把尊重自然、顺应自然、保护自然的理念贯穿到流域综合规划、防洪调度、水量调度、水土流失治理、水污染防治等工作的全过程,强化规划和"三条红线"约束,维护黄河健康生命、促进流域人水和谐。

二要坚持系统治理、统筹兼顾。黄委将深入学习习近平总书记系列重要讲话精神,把河长制的普遍要求与黄河的实际情况紧密结合起来,坚持问题导向、因地制宜、因河施策、系统治理。统筹保护与发展、水上与岸上、上下游、左右岸,着力解决河湖管理保护的突出问题,围绕水资源保护、水域岸线管理保护、水污染防治、水环境治理、水生态修复和涉河湖执法监管等六大任务,从流域整体利益和长远利益出发,提出切实可行的工作措施,指导各省(区)在流域规划的约束下制定、落实河湖治理各项任务。

三要坚持凝聚合力、整体联动。黄委将畅通与流域省(区)联系协调渠道,建立流域(片)河长制办公室联席会议制度,加强沟通衔接、加强资源共享、加强宣传动员,拓宽公众参与渠道,有效调动各方力量,全力实施联防联控,共同推进河长制在黄河落地生根,以河长制带动"河长治"。

四要坚持压实责任、做好协调。黄委将在健全内部监督考核和责任追究制度的同时,切实履行流域机构的协调、指导、监督、监测职责,强化流域统一管理和规划指导约束。各业务部门要结合工作职能,加强动态监管,及时发现、协调处理工作中出现的问题。按照水利部统一部署,完成好相关省(区)河长制推进情况的督导检查任务。

目前,黄河流域(片)全面推进河长制工作开局良好。在接下来的工作中,黄委将密切跟踪推行河长制工作进展情况,总结交流经验,推进河长制工作月报制度;适时召开黄河流域(片)座谈会,与流域省(区)协商建立沟通工作机制,充分发挥流域机构职能,全力推进河长制工作。

第六章　国外河流治理的经验

第一节　莱茵河治理经验

较早进入工业化社会的西欧国家,在社会发展过程中也遇到了河流污染的问题,水质污染、鱼虾灭绝、河流生态系统退化及由此产生的一系列生态灾难促使西欧国家痛定思痛,转变发展思路,大力整治河流,取得了较好的成效,其中最为典型的成功案例当属莱茵河的治理,由污染最为严重时的"死河"到恢复勃勃生机。其治理经验为我国全面推行河长制、实现水环境的长久治理提供了借鉴。

一、莱茵河的污染及治理历程

莱茵河是西欧第一大河,发源于瑞士境内的阿尔卑斯山北麓,西北流经列支敦士登、奥地利、法国、德国和荷兰,最后在鹿特丹附近注入北海,全长 1 232 km,是一条著名的国际河流(见图6-1)。19 世纪末,随着工业革命在莱茵河周边国家迅速蔓延,纺织业、采矿业、冶金业等行业大量采用新技术,对煤炭、石油等资源的消耗量剧增,以德国鲁尔工业区为代表的多个工业区沿河分布,大量能源、化工、冶炼企业从莱茵河索取工业用水,同时又将大量废水排入河里,重金属化合物、农药、碳氢化合物和有机氯化物等 6 万多种有害化学品导致莱茵河水质急剧恶化,生物物种以惊人速度减少。到 20 世纪 60 年代后期,莱茵河水质更加恶化,在德国,从美茵兹到科隆 200 km 长的河段,鱼类完全消失,科布伦茨附近的水中溶解氧几乎为零,河面上弥漫着苯酚的味道,下游国家无法以莱茵河水作为饮用水源,莱茵河被冠以"欧洲的下水道""欧洲的厕所"等恶名,生物学宣布莱茵河死了。

面对莱茵河日益严重的污染,沿岸国家在创造经济奇迹的同时,还没来得及尽情享受经济发展的成果,就不得不品尝自己种下的苦果:呼吸不到新鲜的空气,看不到蓝天白云,喝不到甘甜的河水。莱茵河流域生活着 5 800 万人,其中 2 000 万人以莱茵河为直接水源,面对着逐渐恶化的生存环境,一些人们开始思考——以牺牲环境为代价来换取经济的高速发展值得吗? 在此背景下,1950 年 7 月,由荷兰提议,瑞士、法国、卢森堡、德国等国参与的"保护莱茵河国际委员会(The International Commission for the Protection of the Rhine, ICPR)"成立。ICPR 是一个国际政府间组织,为莱茵河流域国家提供一个合作平台,大家在这里讨论问题并找出解决办法,ICPR 最有力的支持是社会舆论,随着民众生态意识的觉醒,人们要求政府采取措施治理污染,在这种背景下,各成员国于 1963 年签署了《伯尔尼公约》,赋予 ICPR 更大的权利,1970 ~ 1985 年间,各成员国实施了多个减少污水排放项目,并投资兴建生活和工业污水处理厂。在 ICPR 的努力下,莱茵河水质有所改

图 6-1　莱茵河水系示意图

善。但是欧洲当时需要的是经济繁荣,对莱茵河治理的前提是首先满足人们的生产和生活需求,对治理工作仍然缺乏足够的热情,这种状态一直持续到 1986 年。

1986 年 11 月 1 日夜里,瑞士桑多兹化学公司位于巴塞尔附近的仓库发生大火,1 351 t 农用化学品起火,并造成爆炸,十几吨剧毒化学品随着消防灭火水流进了莱茵河,几百千米的河水被严重污染,河中的动植物被彻底毁灭,所有从莱茵河下游取水的水厂被迫关闭,沿岸各国之前投入的数百亿美元治污费用全部付之东流。桑多兹污染事件震惊了全世界,也成为莱茵河治理过程中的关键转折点,惨痛的教训改变了一些政治家的犹疑态度,进而全力支持环境保护,为莱茵河最终"置之死地而后生"扫除了政治障碍。ICPR各成员国于 1987 年制订了《莱茵河行动计划》,首要任务是改善莱茵河的水质,为此,他们制定了一系列目标和措施,减少有害物质排放,沿岸国家在桑多兹事件之后,仅在新建和维护污水处理厂一项上,就投入了 300 多亿欧元,与此同时,各成员国和地方政府则制定了更严格的排放标准,为整治莱茵河提供法律保障。到 1994 年,ICPR 提前实现了绝大多数减排目标,在工业污染源地区完全达到了减污 50% 的目标,很多污染物甚至减少了90%,莱茵河水质很快得到恢复,目前莱茵河的工业和生活废水处理率达到 97% 以上,已经完全达到了饮用水源标准,甚至在一些河段河水可以直接饮用。

二、莱茵河成功治理对我国实施河长制的启示

江河湖泊是地球的血脉、生命的源泉、文明的摇篮,也是经济社会发展的基础支撑,具有不可替代的资源功能、生态功能和经济功能。习近平总书记多次就生态文明建设做出

重要指示,强调要树立"绿水青山就是金山银山"的强烈意识,努力走向社会主义生态文明新时代。全面推行河长制是落实绿色发展理念、严守生态底线的必然要求,是维护河湖健康生命的有效举措。欧洲莱茵河曾遭受严重污染,后经有效治理又恢复了自然河流的勃勃生机,其中一些措施对我国推行河长制,实现我国江河湖泊的长效治理具有十分积极的借鉴意义,具体如下:

(1)转变发展观念。莱茵河的治理历程告诫我们,侥幸思想解决不了问题,反而可能引起更严重的环境问题。19 世纪中期,在现代自然科学和工业革命的助力下,莱茵河沿岸国家的人们逐渐抛弃了对自然的崇拜和敬畏,转为走向征服自然的道路,当时大多数人相信工业化是万能的,技术发明可以解决一切问题,可以无限增加社会财富,这种经济发展优先的观念在创造经济快速发展的同时,也导致莱茵河污染日益加剧。到 20 世纪中期,一些沿岸国家的人民意识到莱茵河环境破坏已经到了触目惊心的程度,开始呼吁保护莱茵河,在这种背景下成立了 ICPR。ICPR 成立后,采取了一些减排措施,但是当时社会的主流思想仍然是经济增长和就业优先,在经济发展与环境保护之间,人们再次选择了前者,直到 1986 年桑多兹事件的爆发,使人们意识到靠破坏环境换取经济发展的道路走不通,开始放下征服自然的姿态,考虑如何与自然友好共存,同时采取多种有力措施进行污染治理,最终让莱茵河得以恢复昔日勃勃生机。

目前我国大力推行河长制,根本目的是营造人与自然和谐发展的环境条件,这就要求各地要转变发展观念,树立人与自然和谐相处的理念。中华民族源远流长的传统文化精髓里面,就包含着人与自然和谐相处的发展理念,"杀鸡取卵""竭泽而渔"等寓言故事都在告诫人们要走和谐、可持续的发展道路。然而一些地方在发展过程中,仍然抱有侥幸心理,以经济发展为优先原则,对包括水环境在内的环境保护意识不强、投入不够,这种观念是很危险的,在全面推行河长制的过程中,必须首先转变观念,牢固树立人与自然和谐发展的理念,真抓实干,才能真正实现河湖水环境的彻底改观。

(2)搭建高效率的运作平台。莱茵河的成功治理与 ICPR 的高效运作密不可分,ICPR有 12 名工作人员,通过制定各项标准、规范,要求各成员国遵守执行,同时接受社会舆论,保证了 ICPR 所指定的标准和规章制度能够落到实处。我国推行的河长制作为一种工作机制,有关部门要在河长(地方主要领导)的组织领导下,各司其职、各负其责,密切配合、协调联动,依法履行河湖管理保护的相关职责,避免往日"九龙治水水难治"的困境。这就要求搭建一个高效率的运作平台,如设立河长制办公室,建立河长会议制度、信息共享制度、工作督察制度,定期通报河湖管理保护情况,协调解决河湖管理保护的重点难点问题,并依托平台完成河长制的各项规章制度的制定和完善,同时监督实施,以此建立长效机制。

(3)制定完善的河长制管理制度。江河湖泊是流动的生命系统,河湖之病表现在水里,根源在岸上,破解河湖管理的难题,要求在河长制的工作机制下,完善河长制管理制度,包括落实责任体系(明确各部门职责)、执法制度(整合涉水法律、法规,统一协调执法,避免出现各自为战、相互推诿的情况)、考核制度等(制订具体的考核方案和评分标准,将考核结果作为考核评价领导班子和干部的重要依据),完善的管理制度是河长制发挥长效机制的保障。如 ICPR 成立后,先后签署了一系列保护莱茵河的协议,并制定了多项标准,相关的协议和标准在各成员国国内以法律的形式得以执行,如果某个企业违背了相关法律,将受到严厉的制裁,同时欧盟对违法企业也有处罚权;ICPR 编制年度报告,对各国削减污染和恢复生态环境的进展情况进行评估,督促各国不同部门加强措施以全面达到削减污染的目标。

(4)制定科学合理的治理目标。ICPR 各成员国于 1987 年制订的《莱茵河行动计划》中,提出用 10 年时间,将有害物质的排放量降低 50% 的目标。我国江河湖泊众多,存在的问题各异,治理过程中必须坚持问题导向,制定切实可行的近期和中远期治理目标,因河施策、系统治理,且不可急功近利,搞一刀切。对生态良好的河湖,要以预防和保护措施为主,维护河湖生态功能;对生态恶化的河湖,要着眼源头控制、水陆统筹、联防联控机制,加大治理和修复力度,尽快恢复河湖生态;对城市河湖,要划定管理保护范围,重点消除黑臭水体,连通城市水系,实现水清岸绿、环境优美;对农村河湖,应加强清淤疏浚,做好生活污水和生活垃圾处理。

(5)严格执法。严格执法是保证全面推行河长制的有效保障,严格执法包括严把涉水行政许可审批关,确保涉水行政许可依法、合规、高效;加强涉水综合执法队伍建设,不断提升执法人员执法素养和执法能力,配置完善的执法设备,加强巡查巡视力度;完善涉水违法处罚细则,依法依规严厉打击涉水违法行为。如 ICPR 各成员国对违规排污的行为执法十分严格,比如对企业排污收取高昂的排污费,排污费包含污染物造成的环境损失,排污者所交的罚款必须足以修复所造成的环境影响,而且这种执法是在公众和媒体的监督下进行的,一旦企业违法将面临高额的罚款和公众、媒体的谴责,提高了企业的违法成本。

(6)建立健全监测预警系统。实时掌握水质变化情况,积极运用科技信息技术手段,对重要河流、交界断面、污水处理厂和重点水污染物排放企业安装污染源自动监控设施,实施远程监控,收集日常数据,加强比对监测,积极预警,全面掌握河湖水质状况,对制定科学合理的河湖管理制度十分必要。ICPR 各成员国在莱茵河流域建立了一整套监测预警系统,从瑞士到北海入口设立了 9 个国际水质监测站,对短期和突发性污染事故进行监测预警,一旦有突发污染事件发生,由预警监测站、环保部门和水警组成的应急系统就会马上启动;在取水点附近的河堤上安装高科技传感器,定期自动提取样本进行水质分析;对城市污水处理系统实时监管,并将监测数据传到实验室,管理者能够在最短时间内发现污染源及其扩散情况,为污染治理赢得时间,也为污染事件的处理和损失赔偿提供了证据支持。

(7)加强污染源控制。污染源有效控制是改善水体水质的根本,对于工业污水和城镇生活污水,ICPR 通过制定规则,要求污水必须通过污水处理厂处理达标后排放,对不符合排放标准的企业进行严格处罚并依法关停;加强垃圾分类与处理,严格防范垃圾随降雨径流进入水体;为防止出现类似桑多兹事件的重大污染事故,要求经营者必须向主管单位报备联系方式、物品列表、活动等,提供详细资料并实施主要事故预防政策,编制安全报告、编制内部应急预案,对不符合营运要求的,可以强制禁止营运,建立重大事故灾害数据库,预防再次发生事故的措施等;对于农业面源污染,加大生态农业发展力度,减少农药、化肥的使用量,改善农业耕作措施,减少农业面源污染进入水体的量,近年来在欧洲盛行

的生态农场,使环保变成一种生活方式。

(8)积极调整产业结构。河长制要求各地实施产业转型升级、加快水污染防治。在众多的水生态问题中,最突出的是污染问题,实质是发展方式和产业结构的问题。实现河湖环境的有效改善,要求各级政府在推动产业发展过程中加快产业结构调整,淘汰落后产能,推进企业转型升级。如德国的鲁尔工业区,曾经是欧洲工业的引擎,也是莱茵河流域污染最为严重的地区之一,面对越来越严格的环保要求,在 20 世纪中后期经历了痛苦的转型过程。埃森煤矿曾经是世界上最大、最现代化的煤矿,最高峰时年产量达到 1.5 亿 t,促生了德国的经济奇迹,为了保护莱茵河,埃森不得不考虑如何转型。2001 年,埃森煤矿成为世界文化遗产,成为鲁尔区经济转型的标志,商业和服务业日益繁荣,当年的生产车间成了大型剧场,昔日的矿工成了导游、解说员。鲁尔区产业结构的成功调整,为减少向莱茵河的污染排放量做出了重大贡献。

(9)公众参与。人民群众对河湖保护与改善情况最有发言权,要通过河湖管理保护信息发布平台、河长公示牌、社会媒体、社会监督员等多种方式,主动接受社会和公众监督;加大新闻宣传和舆论引导力度,提高社会公众对河湖保护工作的责任意识和参与意识,营造全社会关爱河湖、珍惜河湖、保护河湖的浓厚氛围。如在莱茵河的治理过程中,企业受到各方面的压力去重视环保——不仅仅是来自政府的,更多来自居民,所以他们能够很自觉地去维护环境,处理污水。ICPR 通过媒体的宣传和使用现代化的在线信息系统的方式,增强公众有关水资源价值的意识,提高信息对普通民众的透明度。此外,环保教育从娃娃抓起,告诉孩子们只有一个地球,健康的自然环境对人们的健康十分必要。

(10)防洪与生态治理的有机结合。19 世纪初期开始,人们对莱茵河进行了大规模整治,众多人为干扰,导致了莱茵河水文状况发生极大变化,堤坝建设、裁弯取直及湿地开发使莱茵河洪泛区面积减少了 80%,同时河流宽度变窄,使水位升高,流速加快,洪峰从瑞士巴塞尔到德国的卡尔斯鲁厄,流速增加了近 3 倍,下游洪水发生的概率大大增加,此外水流加速也侵蚀了河床,严重破坏水下生物的栖息地。1998 年,ICPR 制订了《防洪行动计划》,并提出了"给河流以空间"的口号,恢复河道,增加洪泛区,以实现洪水治理和恢复莱茵河生态系统的双重目标。

三、结论与建议

欧洲著名的国际河流——莱茵河,在工业革命后遭受了十分严重的污染,一度物种灭绝殆尽、河流生态系统几乎彻底瘫痪。沿岸各国人民借助工业革命的技术革新,在获得经济快速增长的同时,发现包括莱茵河水质在内的环境问题日益突出,并威胁到了人们的身心健康。在经历了一系列波折之后,莱茵河沿岸各国人民意识到技术不是万能的,经济社会的发展不能以牺牲环境为代价,否则将遭到自然界的严惩,进而转变思路,成立了保护莱茵河国际委员会(ICPR),制定了一系列保护措施,最终使莱茵河的污染得到有效治理,河流又恢复了勃勃生机。

目前我国正在全面推进河长制,以期实现河湖的长久治理。同时由于我国河湖数量众多,面临的问题各种各样,在推行河长制的过程中,面临着诸多困难。它山之石,可以攻玉,莱茵河的治理历程告诉我们,无论之前的污染有多严重,只要能正视问题,同时采取科学合理的措施,定能实现河湖的长效治理。具体来说,莱茵河的治理模式对我国全面推行河长制具有以下 10 个方面的启示:一要从思想转变发展思路;二要搭建一个高效运转的平台;三要制定完善的规章制度;四要确立科学合理的治理目标;五要严格执法;六要加强监测预警和预报;七要加强污染源治理;八要积极调整产业结构;九要依靠群众;十要河道防洪与生态治理相结合。

第二节 多瑙河治理的实践与启示

多瑙河位于中欧东南部,是欧洲第二大长河(全长 2 857 km),是跨越欧盟边界最大的河流,也是世界上流经国家最多的著名国际河流,在欧洲社会经济发展过程中起着非常重要的作用,是欧洲重要的经济、环境、运输廊道,对流域内生产生活用水、发电、航运、娱乐、渔业、灌溉、污水处理等有重要的战略经济价值。国际合作一直是多瑙河流域发展的主旋律,其在国际航运、水污染防治、洪水管理以及流域综合管理等方面开展的一系列成功国际合作实践对世界其他国际河流管理合作具有重要的示范与启示作用。

多瑙河流域水资源丰富,年均降水量 863 mm,流域面积 81.7 万 km²,当前流域人口8 300万人,多年平均径流量 2 030 亿 m³。多瑙河干流流经 10 个国家,另外流域内还有其他 9 个国家,因此是世界上涉及国家最多、国际化程度最高的河流(见图 6-2)。1992 年完工的莱茵河—美茵河—多瑙河运河实现了从黑海通过多瑙河一直到北海的国际航运,成为贯穿欧洲的水上交通大动脉。多瑙河水能资源丰富,自 1950～1980 年在多瑙河上就兴建了 69 座大坝及水电站,总库容超过 73 亿 m³。目前在多瑙河干流水能资源开发利用率达到 65%,从德国境内源头到匈牙利加布奇科沃近 1 000 km 的河段上,建有 59 座大坝,平均 16 km 有 1 座大坝,其中大部分集中在上游的德国和奥地利。

图 6-2　多瑙河流域及沿线城市分布图

多瑙河流域还有一个显著的特点就是生物多样性、湿地资源丰富,特别是多瑙河三角洲,是欧洲最大的湿地生态系统,因资源丰富被誉为"欧洲的地质、生物实验室"。随着多瑙河地区人口的增加和经济的发展,尤其是大规模的航运、防洪、灌溉等活动,对自然资源造成了极大的破坏,使大量的洪泛平原和蓄滞洪区消失,沼泽湿地萎缩,水质污染严重,生态环境问题日益突出。在过去的 10 多年里,洪水灾害造成中下游地区巨大的生命财产

损失。

20 世纪 80 年代以来,水污染防治和生态保护等问题提到了议事日程上来。多瑙河流域内国家在双边跨界河流合作、多边子流域及流域层次的合作中开展了包括减污、防洪、航运、水资源利用与保护等多领域的合作。多瑙河流域 19 个国家中既有德国、奥地利等西欧发达资本主义国家,又有摩尔多瓦、乌克兰等较落后的原东欧社会主义国家,经济发展水平极不平衡(2005/2006 年度德国与摩尔多瓦人均 GDP 相差超过 36 倍),社会制度、文化等也存在较大差异。在推进多瑙河流域国际合作中,欧盟一体化发展及国际组织发挥了重要影响和作用,发达国家也承担了更多的义务。这在世界其他地区是非常难得的,也是多瑙河流域合作的独特之处。

一、多瑙河的国家合作历程

多瑙河国际合作大体经历了以航运为主到水能资源开发利用为主,再到水资源保护为主和全面执行欧盟《水框架指令》的 4 个发展阶段。

(一)航运为主合作阶段

多瑙河历史上一直是连接东、西欧的重要贸易、交通水道。航运是多瑙河沿岸国家最早开展的合作内容,自建立国际航行制度至今已有 100 多年历史。其发展大致可分为 5 个阶段:

(1)1815 年以前奥斯曼帝国统治时期,沿岸国多次签订条约规定商业贸易可以自由通航。

(2)1815～1856 年航行向国际化过渡时期,俄国分别与奥地利帝国、奥斯曼帝国签订条约,规定多瑙河向一切沿岸国和非沿岸国的商船开放,但是出海口掌握在俄国手中,未能完全实现航行自由。

(3)1856～1919 年自由航行时期,1856 年《巴黎和约》规定多瑙河及其出海口向一切国家开放(包括当时的欧洲强国英、法、意等非沿岸国),成立了包括英、法等国在内的多瑙河欧洲委员会以及多瑙河沿岸国委员会,分别负责对多瑙河罗马尼亚铁门峡以下到入海口段、德国乌尔姆到铁门峡段的协调管理。

(4)1919～1948 年确定航行制度时期,第一次世界大战后,多瑙河沿岸新出现了多个民族国家,1921 年沿岸国家和英、法、意等国签订了《制定多瑙河确定规章的公约》,进一步确定了自由航行规则,仍然维持以西欧强国为主导的多瑙河欧洲委员会及其和沿岸国参与的多瑙河国际委员会(取代原沿岸国委员会)。

(5)1948 年以后新航行制度时期,第二次世界大战后,以前苏联为主导的多瑙河沿岸社会主义国家于 1948 年签订了《多瑙河航行制度公约》,规定多瑙河对各国国民、商船和货物自由开放,但要受沿岸国的直接管辖,禁止非沿岸国的军舰在多瑙河上航行。1949 年成立了统一的多瑙河委员会,负责监督 1948 年公约的实施。自 1948 年至今,多瑙河一直实行这一新航行制度,以前的条约一律失效。从以上历史变迁可以看出,多瑙河航行制度的历史沿革实际上是在确定航行自由原则中非沿岸国与沿岸国之间权力与利益的长期斗争的产物,而现今多瑙河航行制度的最终确立和维持运行,也正是联合国宪章中有关尊重各国领土主权和平等、合作精神的体现。

（二）水电为主的开发利用合作阶段

多瑙河水电开发始于 20 世纪初,各国对水能资源都进行了充分利用。特别是 1948 年《多瑙河航行制度公约》签订后到 20 世纪 80 年代,多瑙河沿岸国家开始了全河的渠化工程,一些沿岸国同时在边界附近或界河段也进行了水电开发方面的双边合作。

水电合作一般都是两个邻国之间达成协议,共同规划、设计,工程投资及发电效益由两国均分。奥地利与德国政府于 1952 年签订了《关于多瑙河水力发电和联营公司的协定》,双方于 1956 年在多瑙河上联合建成了约翰斯坦水电站。前南联盟与罗马尼亚两国政府 1963 年签订了《关于多瑙河铁门水电站及航运枢纽建设和运行的协定》,并成立了铁门联合委员会,遵循《多瑙河航行制度公约》,共同发展界河水电和航运,两国在界河两侧各建一座容量相同的水电站,对本国境内工程拥有所有权,并负责其运行。工程解决了铁门峡河段的航运问题,同时还兼有发电功能。1984 年,两国又联合建设了铁门二级水电站,作为反调节水库,为铁门一级水电站调峰运行进行反调节。

（三）水资源保护为主合作阶段

第二次世界大战后,随着多瑙河沿岸国的经济发展,多瑙河水污染问题日益严重,对鱼类和生态造成很大危害。1958 年,罗马尼亚、保加利亚、前南联盟和前苏联 4 国签订了《关于多瑙河水域内捕鱼公约》,要求各缔约国采取有效措施,制止未经处理的污水造成污染和危害鱼类。到 20 世纪 80 年代中期,多瑙河水污染问题已十分严重,多次导致饮用水供水停止。

1985 年,当时的 8 个多瑙河沿岸国家在布加勒斯特召开了关于综合利用和保护多瑙河水资源的国际合作会议,并通过了《多瑙河国家关于多瑙河水管理问题合作的宣言》(《布加勒斯特宣言》)。该宣言是多瑙河流域水环境问题的第一次国际突破,具有里程碑意义,沿岸国家达成了防止多瑙河水污染并在国界断面进行水质监测的共识和协议。后来,沿岸国家和有关国际组织通过举办有关保护多瑙河水质和防止水污染的系列国际会议,对水质监测、分析及评价方法等达成一致。各沿岸国开始对水量和水质数据进行监测和收集,并和 UNDP(联合国开发计划署)、GEF(全球环境基金)等国际组织及援助国共同参与多瑙河流域环境发展计划,成立专家工作组,落实《布加勒斯特宣言》倡议,开展多瑙河环境保护工作。

1994 年,多瑙河 11 个沿岸国及欧盟签署了《多瑙河保护与可持续利用合作公约》(以下简称《多瑙河保护公约》),成立了保护多瑙河国际委员会(ICPDR),负责公约的实施和流域层次合作的协调。ICPDR 成为多瑙河流域合作的主要平台,为流域统一行动提供支撑。ICPDR 在水污染防治、防洪减灾等方面开展了大量工作,协调各国建立污染监测系统,制订多瑙河流域减污行动计划、联合行动计划、战略行动计划、可持续防洪行动计划等,有力地推动了多瑙河流域的可持续发展。

（四）执行欧盟《水框架指令》的全面合作阶段

《水框架指令》是欧盟在水政策领域制定的一个统一的行动框架,于 2000 年发布并生效。其长远目标是消除主要危险物质对水资源和水环境的污染,保护和改善水生态系统和湿地,减轻洪水和干旱的危害,促进水资源的可持续利用;近期目标是在 2015 年前使欧盟范围内的所有水资源处于"良好的状态"。欧盟要求各成员国必须以《水框架指令》

为指导,制定各国相应的国家法规,对申请加入欧盟的国家也以此作为批准入盟的先决条件之一。各国除了要制定本国的河流流域区管理规划,对于国际河流,还要求成员国进行协调合作(甚至和非欧盟国家开展合作),制定整个国际河流流域区统一的管理规划。

《多瑙河保护公约》缔约方在 2000 年 ICPDR 会议上,承诺执行欧盟《水框架指令》,同意由 ICPDR 作为一个平台来讨论多瑙河流域水资源管理涉及跨境方面的问题,并组织制定多瑙河流域管理规划。为此,ICPDR 成立了专家组来协调制定一个详细的多瑙河流域管理规划。目前,多瑙河流域管理规划的方案已完成。

二、多瑙河治理国际合作特点

(一)多种合作机制并存,相互补充

多瑙河流域有多种形式的合作机制,包括双边合作、子流域多边合作和流域层次的合作、地区及国际层次的合作等。双边合作主要是两个相邻的沿岸国之间建立的各类跨界河流合作机制(如联合委员会等),对界河及边界河流利用与管理进行合作(包括具体开发利用合作项目)。

多瑙河国家间双边合作主要是以《多瑙河保护公约》《水框架指令》和双边或多边的协定为法律依据,强调区域内的计划与行动的相互协调。子流域合作往往成立子流域委员会或论坛(如萨瓦河国际委员会、蒂萨河论坛等),协调子流域国家利益和共同行动。流域层次的合作有政府间合作机制(ICPDR、多瑙河委员会等),以及学术和专业研究机构及国际组织建立的合作网络(如多瑙河国际研究协会、多瑙河水文服务论坛等)。地区及国际层次的合作有 ICPDR 与黑海保护委员会的合作等。

不同的合作机制合作内容各有侧重,如多瑙河委员会负责多瑙河的航运合作,ICPDR 负责多瑙河流域水资源保护与利用方面合作,萨瓦河国际委员会负责萨瓦河的航运、水管理和水资源保护等方面合作。多层次多种合作机制并存,可以实现相互补充。如 ICPDR 与多瑙河委员会、萨瓦河国际委员会就航运及生态保护等相关方面开展密切合作,于 2007 年发布了《关于多瑙河流域内陆航运和环境可持续的联合宣言》。为了易于管理如此复杂的流域,ICPDR 将整个流域分成 3 个不同的协调层次:流域层次、双边或多边层次(子流域)、国家层次。ICPDR 主要处理流域层次的问题,同时协助处理双边或多边合作问题。

(二)引入先进理念,促进全面合作

在多瑙河流域合作中,风险管理、公众参与和流域综合管理等先进理念被引入并得到实施。风险管理既包括采取措施来预防和控制风险,又包括灾害事件发生时尽力减轻其后果影响。ICPDR 在 1997 年建立多瑙河突发事件预警系统时就采用风险管理。系统要求各有关国家建立一个国际预警中心,负责协调多瑙河及其支流的所有应急响应行动。

目前多瑙河流域国家建立有 14 个国际预警中心。预警系统建设了有害物质数据库和多瑙河流域预警模式。一旦危险物质超过预警阈值,系统就会启动,危险物质数据库年年更新。

另外,通过 ICPDR 流域层面及一些子流域层面的洪水管理合作,建立覆盖整个多瑙河流域或其子流域的实时可靠的洪水预警预报系统,建立流域专家知识论坛,促进知识经

验交流,共同评价易洪区和洪水风险。防洪理念也发生很大改变,要求恢复洪泛平原、蓄滞洪区,由过去的工程防洪发展到现在提倡人与洪水共存的可持续洪水管理理念。

公众参与流域管理被认为是流域可持续管理的核心。《多瑙河保护公约》要求鼓励各类组织(包括一些相关国际组织、非政府组织等)以观察员身份参加多瑙河流域管理有关活动。ICPDR 把公众参与流域管理作为最基本的要求来评价其正在进行的流域管理实践活动,并制订了《公众参与的 2003 ~ 2009 年多瑙河流域管理战略计划》及执行计划。公众参与一般有 3 种类型:信息提供、咨询和积极参与。信息提供和咨询是公众参与的最基本活动,积极参与是更高级别的参与。流域机构及各国主管部门制订的规划、行动计划等信息都要向社会公开(包括各利益相关者),征询意见和建议,利益相关者通过参与相关会议及活动,以及参与规划过程,进而能够影响决策过程。

流域综合管理的理念是以流域水文单元为单位,建立统一的水量、水质监测和评价标准及有关预警预报系统,科学合理地进行水资源的利用与保护,以及重大自然灾害和紧急事件的应急处置,提高流域管理的效率和水平。多瑙河流域管理规划就体现了流域综合管理的理念,促进了全流域及子流域层次的国际合作。流域综合管理要求按全流域框架总要求,进行压力风险评估,提出协调全流域的行动计划,并让公众参与制订计划的全过程。当然,在流域综合管理实施中会遇到一些问题和困难,如按新的洪水行动计划恢复多瑙河的洪泛平原及蓄滞洪区,往往会牵涉一些征地及社会问题,尤其是私有财产的土地,处理起来非常复杂困难,成本也很高。流域综合管理实施要求有配套的地区及国内法律手段(如欧盟指令和成员国水资源保护法等法律要求)、管理手段(组织机构及技术力量等)和大量投资等。

(三)利用现代技术手段,实现信息资源共享

河流数字化管理是应用遥感、数据收集系统、全球定位系统、地理信息系统、计算机网络和多媒体技术、现代通信等高科技手段对河流资源、环境、社会经济等各个复杂系统的数字化、数字整合等信息集成的应用系统,并在可视化条件下提供决策支持和服务。多瑙河作为一个复杂的国际河流,现代数字化管理技术得到了充分的利用,实现了河流信息资源共享和高效管理。

1985 年以前,多瑙河流域各国数据缺乏统一标准,各国之间信息流通量小,公众、科研、政府之间缺乏信息平台。1985 年的《布加勒斯特宣言》要求建立一个强有力的跨国监测网络。1993 年,在"多瑙河流域监测、实验室分析和信息管理"项目中确定了跨界监测网络方案,提出对地表水进行监测、分析、信息管理的先进技术与方法。跨界水质监测网络刚建立时有 11 个跨国界断面,现在已发展到 79 个断面(含支流),计划最大达到 900 个监测断面。为保证跨界监测数据的可比性和可获得性,要求跨界监测中统一协调监测程序、数据管理和评价技术标准等(如确定跨界断面监测点的选择标准、取样方法、实验室分析方法、监测指标、评价办法和数据管理等),要建立一套标准实验室程序,以保证统一的数据质量控制。

目前多瑙河流域确定了 11 个国家标准实验室和 18 个国家实验室,对数据质量、数据管理和数据的传输等均制定了统一标准,保证了数据的精度和可比性。为完全实现数据共享,ICPDR 开发了多瑙河 GIS 系统,通过 GIS 数据库的建立,整合了不同国家、不同部门

的数据源,管理流域环境数据和监测数据。

通过国际互联网,实现在线 WebGIS 服务,为多种类型的科学模型提供数据。用户通过 IE 浏览器即可直接访问地表水和地下水监测信息等相关信息,真正实现了信息资源的共享。另外,还利用现代信息技术,建立信息中心网络,负责为决策,特别是为跨界污染事件的处理提供信息支持,并及时提供流域层面的水质评价信息。

(四)利用协商和司法手段,和平解决国际合作争端

多瑙河流域在合作开发过程中也常发生水争端。争端的解决一般都是先在缔约方合作机制框架下进行协商和调解,或通过外交渠道提交各国政府解决,最后无法达成协议则通过司法手段解决(包括提交国际法院或仲裁)。这些方面的规定在《多瑙河航行制度公约》《多瑙河保护公约》等多边公约以及许多双边跨界河流协定中都有明确的阐述。

通过司法手段解决多瑙河国际争端的一个典型实例就是著名的加布奇科沃—大毛罗斯水坝项目仲裁案。前捷克斯洛伐克和匈牙利为了开发多瑙河界河段水能资源以及满足防洪、通航的需要,于 1977 年签订了一项关于在多瑙河界河段上联合兴建加布奇科沃—大毛罗斯水电站的协定,两国同意联合在捷方境内修建加布奇科沃水电站,在匈方境内修建大毛罗斯水电站,两国平均分摊成本,电站效益也平均分配。虽然前捷克斯洛伐克方面已完成加布奇科沃工程,但是匈牙利政府迫于国内反对修建工程的压力,不得不于 1989 年中止了该项目的建设,并于 1991 年提出无条件终止 1977 年签署的协定。因多次协商无果,前捷克斯洛伐克开始单方在其境内一侧实施替代工程,使原界河段水流量减少 80%~90%,引起匈牙利极力反对。后来在欧共体委员会的调停下,双方同意将争端送交国际法院裁定。1997 年国际法院做出了判决,认为两国均有错误行为,应尽快恢复合作机制寻求合理方案。后来,两国根据判决意见,很快制定了双方都可接受的协议框架。

三、多瑙河开发、治理经验对我国的启示

(一)国际河流合作是大势所趋

我国是世界上拥有国际河流最多的国家之一,全球 263 条国际河流流域中涉及我国的就有 15 条。我国国际河流水能水资源及生物资源等潜力都非常丰富(尤其是西南地区的国际河流),在国内、国际上都有举足轻重的地位。我国一些国际河流还具有较大的国际航运潜力,如鸭绿江、黑龙江、澜沧江等均能通航百吨级以上船舶,对当地经济及区域国际贸易具有重要作用。

目前,我国与周边国家跨界河流合作以双边合作为主,不论是合作领域还是合作程度,与多瑙河、莱茵河等著名国际河流合作相比,尚有较大距离。另外,澜沧江—湄公河、雅鲁藏布江—布拉马普特拉河等大型国际河流都涉及 3 个以上国家,都将面临流域多边合作的问题。国际河流的跨界合作是大势所趋,我国应加强跨界河流的国际合作研究。多瑙河流域成功的国际合作实践为世界跨界河流的合作提供了很好的范例。特别是多瑙河航运合作与水电开发的经验对我国澜沧江、黑龙江、鸭绿江、图们江等河流具有积极的借鉴作用。我国应重视拓展这些河流的国际航运及水电等开发,以促进区域经济的发展。多瑙河流域的洪水管理、突发事件的预警预报合作机制等都值得我们在开展跨界河流国际合作中学习和借鉴。

（二）国际河流生态环境保护逐渐成为国际合作的重点之一

20世纪90年代以来，随着国际社会对水生态系统保全与保护认识的不断深入，国际河流沿岸国家在缔结的水条约和协定中对预防、减少和控制跨界水道的污染和加强水生态保护都有详细的规定。

多瑙河流域水污染防治、水生态及湿地生态系统的保护成为沿岸国家间开展合作的重要内容。加布奇科沃—大毛罗斯水坝项目的争议其实就反映了沿岸国家对生态环境保护的重要性认识的提高。对国际河流生态环境保护和防洪越来越多地强调全流域合作与协调，流域管理规划的重点也是污染防治和生态环境的保护。联合国大会1997年通过的《国际水道非航行使用法公约》中规定水道国在适当情况下应共同保护和保全国际水道的生态系统。联合国欧洲经济委员会1992年通过的《跨界水道与国际湖泊保护利用公约》制定了在预防、控制和减少跨界水体污染等方面的一系列原则与规则，可谓是当今世界有关跨界水保护方面最全面的一个公约。该公约已向联合国非欧洲经济委员国开放加入，有可能会成为全球性的公约。哈萨克斯坦和俄罗斯作为该公约的成员国曾建议包括我国在内的上海合作组织国家加入该公约，这都应引起我们的充分重视，并应开展深入研究。

（三）坚持国际河流开发利用与保护并举，走平衡发展之路

开发利用国际河流水能水资源及航运等资源是沿岸国家发展社会经济的必需，也是其应有的权利。特别是发展中国家，考虑到当代贫困人口脱贫的基本需要，往往都将发展放在特别优先的地位来考虑。诚然，在国际河流上建设大坝等基础设施会对下游水流情态、水量及水质产生影响，进而可能会造成一定的跨界影响。但若仅强调保护河流生态系统不受影响等原因而反对发展中国家应有的开发权利则是对他们的不公平。从跨界河流合作中发生的争端看，如何处理发展与保护之间的关系是最常面临的问题。在国际河流合作中要处理好河流保护与开发利用的关系，不能只追求开发利用而不重视保护，也不能以强调保护水生态环境等而反对一切合理的必需的开发利用，二者要有一个合理的平衡。近年来，平衡发展途径得到了一些学者和流域合作组织的提倡，这在一定程度上反映了人们对保护与利用之间关系的正确认识。

多瑙河开发利用程度较高，水能资源开发利用率达60%以上。多瑙河为国际通航河流，为满足通航及鱼类洄游等要求，大多数电站采用低坝径流式，减少淹没损失和保护两岸生态，并且基本上都留有专门的船闸和过鱼通道。在工程布置中，许多都是选在河流拐弯段，裁弯取直，建电站和船闸，而将原河道作为施工期临时船道和永久鱼道，既保护生态又避免碍航造成赔偿。

与多瑙河相比，我国国际河流开发利用程度都不高。比如澜沧江流域，水能蕴藏量超过3 600万kW，是我国目前在西南国际河流中水能开发程度最高的河流，但也仅达到10%左右，下游的湄公河流域开发程度亦不足10%（水能蕴藏量达3 700万kW），但将来在湄公河平原地区河段上筑坝无疑会对生态造成一定影响（如阻止鱼类洄游等）。因此，鉴于目前沿岸国家都有发展水电与航运的利益需求，应采用平衡发展的途径，兼顾各方利益，不仅要考虑水电开发、航运等的利益，还要考虑生态环境保护等要求，实现区域共赢。

（四）选择合适的管理合作模式

每条国际河流都有自己的独特特点,其所在地区的政治、经济、文化及区域合作程度等都往往千差万别,这对国际河流合作也会造成许多影响。多瑙河流域水资源丰沛,总体上各国不缺水(根据 ICPDR,目前多瑙河流域国家引用多瑙河的总水量约 308 亿 m³,仅占径流总量的 15%),不存在像尼罗河流域、约旦河流域那样的用水短缺与竞争。因此,水污染防治、洪水管理、生态保护以及航运等是其合作重点。而这种合作由于涉及各国的共同利益,往往容易在流域层次上开展,并可达到较深程度。当然,欧盟一体化发展下的完善的地区立法(如欧盟《水框架指令》,欧洲经济委员会《跨界水道与国际湖泊保护利用公约》、《在环境问题上获得信息、公众参与决策和诉诸法律的公约》等),为开展深入、全面的流域管理合作创造了一个良好的外部制度条件。另外,欧盟强大的经济实力及其提供的大量援助也为全面执行相关协定及计划提供了资金保障。

可以说,多瑙河流域合作所具有的自身条件、外部制度条件及经济条件等是亚洲、非洲及拉丁美洲等其他地区许多国际河流流域无法比拟的。不同的流域有不同的条件和特点,其合作管理模式不可能照搬。应根据国际河流流域及所在地区的特点及条件,选择合适的管理合作模式。当然,多瑙河流域不论是对我国在澜沧江—湄公河等国际河流流域合作,还是对国内河流不同行政区域之间的合作都有许多经验值得借鉴。

第三节　美国州际河流污染的合作治理模式

在美国州际河流污染的治理历史中,合作治理模式一直作为一种重要方式存在,并一度发挥着主导作用。本节以合作治理为主线介绍美国的州际河流污染治理。首先通过纵向梳理美国的州际河流污染治理史,分析美国选择当下治理模式的原因。其次,通过横向分析美国时下最为主要的几类合作治理形式(州际协定、"卓越的领导权"项目和水质交易),突显美国州际河流污染合作治理的优势与局限。最后,结合历史和现实,介绍美国州际河流污染合作治理模式何以能够良性运行。

一、美国州际河流污染治理史中的合作治理

（一）美国州际河流污染的合作治理失灵期（1900～1965 年）

1. 合作治理模式的出场:分割治理下的河流悲剧

在美国,工业革命的突飞猛进衍生了层出不穷的环境问题。1880～1890 年间,因州际河流上游水污染而陷入饮水危机的人数不断增多,感染疾病并因此致死的人数也在不断增长;到 1900 年,工业污水排放量已占全美污水排量的四成,这些被政府和企业家合谋称为"不可避免的城市化产物"危害至深。

依据美国宪法,联邦无权介入河流污染的治理,而是由各州自行处理本州的水污染防治事务,于是对于州际跨界河流而言,一种分割治理的体系被建立。因此,在地方保护主义和"利益寻租"的影响下,美国河流处于悲剧之中。1910 年,西奥多·罗斯福总统在对各州和联邦立法机关发表的讲话中倡导一种"文明的垃圾排放方式",而不是直接将污水排入饮用水中。然而,除个别州积极响应外,大部分州为了自身的利益而持反对态度,认

为"在下游有足够的自净能力的情形下,要求上游为避免下游水质恶化而承担污水处理的风险支出是违背公平原则的"。面对日益恶化的水环境,一些州开始在河流污染治理方面进行合作,如俄亥俄河沿岸的宾西法尼亚州、俄亥俄州和西弗吉尼亚州在 1924 年达成共同治理酚类污染协议,决定不对排放酚类污染物的焦炭企业提起诉讼,而是寻求与他们的合作。

2. 市场失灵:合作治理的挣扎

20 世纪 30 年代初,经济危机为联邦权力的拓展提供了机遇。富兰克林·罗斯福总统实施"新政"赋予联邦主义以新的内涵,联邦的权力不断地渗透到地方各州和国家事业各领域,新的紧密联系的联邦模式取代了松散的联邦模式,联邦和地方不再恪守传统的权力划分。也就在这个时期,水污染状况持续恶化,民众对州立法干预的期待加强,对联邦政府有所作为的期望也日益迫切。这一时期的合作治理表现出了一定的特点:一方面,各州和工业界为有效抵制联邦权力在水污染领域的攻势,积极主动地开启合作治理模式;另一方面,迫于国会的反对和违宪的挑战,联邦政府退而求其次,积极引导地方政府开展合作治理。

1948 年,经过争论和相互妥协,《1948 联邦水污染控制法》获得通过,此法有限扩大了联邦政府在水污染方面的作用,最大限度上尊重了各州在水污染治理上的主导地位。联邦政府在此法中表现出了极大的合作意向,乐意以辅助地位为各州水污染控制提供技术支持和资金援助。但在跨州水域污染治理方面,联邦的管辖权仍然有限。如此法规定:只有当水域污染确实损害到邻近州人们的健康和福祉时,联邦才享有管辖权。另外,此法鼓励各州统一立法或达成州际协定解决水域污染问题,但效果也并不明显。实际的结果是此法仍以区域管理为主,并未引入"流域"的管理视角,各州各自为政,地方保护主义盛行,使州际河流污染合作治理成为空谈。

（二）美国州际河流污染的合作治理休眠期(1965～1980 年)

1. 转型的背景:"环境大革命运动"与无效水质标准

由于无政府主义所导致河流污染合作治理模式失灵,致使美国早期的河流污染治理误入恶性循环,河流污染程度进一步加大。在北美五大湖区,鱼类汞含量严重超标,高达危险水平;伊利湖因为过度污染,成为一潭"死水";俄亥俄州的楚亚和甲河,也因为污染竟然能被引燃八次大火。美国环保主义者蕾切尔·卡森在其现代环保运动肇始之作《寂静的春天》中如是说:"不是魔法,也不是敌人的暴动使这个世界受损害而致万劫不复;是人类自作了恶,得自请赎之。"正是环保主义者们的呐喊,将民众唤醒,催生了美国的"环境大革命",推动了美国河流污染治理模式的变革。由于坚信市场存在或左或右的失灵,加之州政府之间、州与工业家之间环境合作治理的失败,让环保主义者们坚定支持应由联邦垄断水污染控制的权力。这些环保主义者(又称"软绿派")具有反市场、反自由主义的特点,他们认为:发展不应该建立在对环境的破坏上,必要时可以因保护环境而舍弃发展。这些思想显然迎合了联邦权力拓展的趋势,特别是在 20 世纪 30 年代和 70 年代的两次经济危机中,国家宏观调控的成功也促使民众和政府对自由主义市场的戒心不断增长,转而支持政府干预。

面对严峻的水环境形势,美联邦分别在 1951 年、1961 年和 1965 年三次修正《联邦水污染控制法》，首先是扩大联邦对水污染的管辖权，由 1948 年的跨州水域扩大到"可航水域"及其支流；其次扩展联邦执行权，在州际水污染问题上各州不再享有对联邦管辖的否定权；最后，联邦参与制定水质标准，各州的水质标准必须呈联邦批准，如果州不提交水质标准，那么联邦有权颁布标准。但由于缺乏执行的基础性依据，所以水质标准存在执行难问题；而更大的问题在于，联邦官员不愿意干预各州的水污染控制，许多官员依旧认为协商和合作是最佳的处理方式。这种对合作治理的信任确实是难能可贵的，但是消极导向的合作治理，只会使情况变得更糟。最终，在环保主义者的推动下，经过激烈政治博弈之后，1970 年 1 月 1 日尼克松总统签署《1969 国家环境政策法》，由此激发了联邦权力在环保领域的延伸；同年，美国联邦环保局(EPA)成立，进一步为美国的"环境革命"提供了组织保障。

2. 休眠中的合作治理：命令—控制模式的实践

1972 年 9 月，美国通过了《联邦水污染》修正案，该修正案以统一的权力和健全的标准体系为标志，彻底改变了美国水污染治理的格局，形成了以联邦为主导者、以州为执行者的命令—控制模式。这一模式确立了联邦在水污染治理中的绝对权力，包括国家标准的制定权、许可证制度的监督执行权等；同时，采用以技术为基础的排放限制为主、以水质标准为补充的水污染控制标准。该修正案也有效解决了执行难问题，规定了平行于各州的联邦立法执行权，包含了行政制裁和司法诉讼等多样化的执行方式；同时为了方便民众参与，允许公民提出环境诉讼，执行(救济)得到加强。

一元的管制模式是美国水污染控制史发展的必然结果，这也正是以流域为视角的河流污染治理所应坚持的。该法取得了巨大的成绩，以点源污染为例，《清洁水法》在点源污染上实行命令—控制型的管制；截至 2000 年，点源污染得到了有效的控制，国家水质调查显示已经有 47% ~ 55% 水域完全达到了指定用途，适于安全垂钓和游泳的水体已成倍增加。

3. 命令—控制模式的排他性

联邦"圣意独揽"的命令—控制模式对合作治理模式自然是有排斥意味的，所以河流污染合作治理模式在这一阶段貌似处于休眠状态；换句话说，在客观效果上，此时的命令—控制模式是具有垄断性质的。虽然《联邦水污染控制法》专条规定了州际合作，但是联邦严苛的执行标准，使合作治理的利益空间被限缩到最小值，于是合作的不必要不言而喻。

命令—控制模式是环保主义者引领"环境革命"取得的重大成果，这场"革命"运动改变了美国人的思想意识和行为方式，使得环保意识已然植根在美国人的内心深处。河流污染合作治理模式在此阶段进入休眠期(或沉淀、反思成长期)。正是因为河流污染合作治理模式在前一阶段的失灵，导致了"环境革命"的爆发，为联邦权力从侵蚀到"一统天下"创造了可乘之机。然而，任何过激的革命之后，总会有一个回归现实的时点，环保主义者引领的"环境革命"也是如此。正如美国著名的保守派环境保护学家皮得·休伯所说："当个体的生产者能够将生产的真实成本转嫁到环境中去的时候，他们会在整个社会贫穷的时候创造繁荣的假象；当管理者能够把政府的真实成本转嫁到私人部门的时候，他们会制造好政府的假象，尽管他们实际上使整个社会更加贫困"。"现实"就是，国家和市场是一个对立统一的矛盾体,市场竞争是社会发展的原动力,而国家的责任是更好地挖掘、规制好这种动力,以促进社会的良性发展,这在州际河流污染治理过程中体现得很充分。

(三)美国州际河流污染的合作治理复兴期(1980年至今)

1.合作治理的复苏背景:环境保守主义者的胜利

在美国,不同环境治理模式的生成莫不与环境思潮之间的斗争有关,哪种思潮掌握主动,并走上政治舞台,那么谁的思想主张就会被融入到联邦的环境决策之中。保守主义者(又称"硬绿派")坚定地站在自由市场的立场上,反对将环境与发展隔离开来,主张放任市场,尊重财产权、个人自由和消除有害补贴。保守主义者认为政府管制的高效法令是不会有实效的,只有自由市场才是高效的、自发的、合乎环保理念的,因为"效率——自愿的、经过选择的、受市场力和自由消费者推动的高效率——只有一个确定的、可以预见的效应,这就是大量的增加财富,而富裕本身是绿色的"。保守主义者支持转化污染为产权(私有化污染),提议签发排污许可证,并将其投入自由市场交易,政府通过操作交易市场而减少污染。

2.合作治理的空间:环境管制权的下放

"软绿派"和"硬绿派"之间的持续争论,主要体现在民主党和共和党的环境政策上。20世纪80年代初,里根总统上台后便实行激进的三叉政策,其中包括权力下放,把联邦管理环境的职责尽可能多地移交给州和地方政府。同时发布行政命令要求各机构为规章执行进行经济成本—收益分析,除非法律特别要求,都必须执行最低成本。这一政策的目的很明确,就是要弱化联邦在环境治理中的主导地位,让联邦从沉重的环保压力中解脱出来。然而"软绿派"却不甘于袖手旁观,1984年国会大选结束后,一个由民主党人和环保团体支持者占多数的国会形成,国会重申清洁环境的公共承诺,阻止里根第一任期政策的"滥行"。1992年克林顿总统大力倡导环保,并开始发起一些高姿态的改革,例如支持环保局局长布朗改革促进主要行业(XL项目)、优先考虑行业部门(共同目的的行动)和进步州(绩效合作关系)的灵活性合作。后来,"硬绿派"又"咸鱼翻身",小布什时期,联邦强调用一个更加商业友好型和市场导向的方法代替环境规章以约束环保局的管制职权,在环境政策上转为被动。

3.一元体系下的多中心合作治理

主流环境思潮以及执政者态度的不断变化貌似给了我们一个假象,即美国的环境政策是任意随机的,其实不然,对于环境保护来讲,需要通过不断的冲击和博弈,从而促生一种和谐中庸的环境政策。经过30余年对原有命令—控制模式的改良,美国的河流污染治理体系正在向管制与多元化合作治理并存的时代过渡,我们称之为"一元体系下的多中心合作治理"。自由主义者宣扬的绝对市场并不被美国政府看好,因为"公共选择理论假定私人利益(不管是公司还是公共利益组织、公会、贸易协会或消费者组织)都是寻租者,致力于以更大的公共利益为代价追求自身的利益",所以适当的管制对合作治理的结果导向不仅不是障碍,而更应该是保障。在一元体系即联邦管制下,州际河流污染治理大胆适当地引入市场机制,开展以政府、非政府组织、企业和公民个人为中心的合作治理,是一种不时髦但总是有创新点的取向。美国州际河流污染领域的合作治理模式依然在不断改

进和深入,主要体现为政府机构间合作(又称府际治理)和横向的公私合作,其典型模式就是州际协定、"卓越的领导权"项目和水质交易。

总之,美国水污染防治的历史,其实就是对合作治理模式的从信任到提防到再信任的过程,是从合作治理的失灵到实现有规制的合作治理的过程,也是水污染治理者从对市场调控的信任、质疑到有限承认的过程。美国州际河流污染治理的过程其实就是一个合作治理功能演变的动态过程:正是20世纪70年代前分散合作治理(特别是州际合作)的失败,迫使美国一步步走向了集权命令—控制的治理模式;80年代后,随着命令—控制模式弊端的出现和保守环保势力的推动,多元合作治理作为一种补充模式开始复苏,并在不断探索和挑战中不断完善。然而历史实践证明,这一借助市场的合作治理模式并不能够承担起护卫生命之源的使命,护卫生命之源的职责更理应落在政府的肩上。州际河流污染治理是一项既需要统一事权,又需要强大财力支撑的大工程,这就更需要联邦政府的"掌舵领航"。此外,隐藏在政府"企业家"形象背后的合作治理本身也应该包含一个约束机制,需要把外在的命令—控制模式的有益因素内化为合作治理的自我调控机制,为合作治理发挥更积极作用提供保障。

二、州际河流污染合作治理的实证分析

美国对于州际河流污染治理最终选择了一元体系下的多中心合作治理模式,但这种合作治理模式实现的途径和方法却是多元化的,始终不断在发展变化。

(一)州际河流协定

1.合作治理的经典模式

州际协定的权力源于宪法,美国宪法保留了各州签订州际协议解决共同问题的权力。州际河流协议一直是美国控制水污染最传统和最主要的合作治理途径,甚至在20世纪80年代前,其几乎是合作治理的唯一途径。最早的州际协议旨在解决边界、航行权和州际水域的捕鱼权问题,其中解决水权分配问题一直是州际河流协定的主要内容。到1972年,全联邦主要处理水权问题的州际河流协定就有20余个。随着河流污染对水安全威胁的迫近,州际河流协定也开始肩负起河流污染防治的使命,一些专门的流域水污染控制协定也被催生,如《田纳西河流域水污染控制协定》、《俄亥俄河谷水卫生协定》和《新英格兰州际水污染控制协定》等。相对于我国的区域协定,这些协定详尽规定了协调机构设置、污染治理费用分配以及纠纷解决机制等内容。这些专门协定的签订,既是合作治理的产物,又是对合作治理约束机制的完善。

州际协定具有州法和契约的双重性质,兼具合意性和强制性。尽管州际协定可以转化为签约各州的法律,但各州并不认为州际协定可以克减宪法已有的权力,所以州际协定有可能被诉诸违宪审查。基于美国的政治体制,最高法院对于各州因为州际协议而产生的行政分歧有管辖权,如果签订各州因为缺乏妥协和合作精神,那么最高法院的司法审查,实际上是最严厉的规制。另外,由于地方政府监管的主要对象是环境污染的既得利益者,而政府在处理保护环境和促进发展矛盾上的"张望",可能导致的就是"管制俘获",州际协定的实效就大打折扣了。同时由于州际协定签订程序烦琐,审查过于严格,因此也大大降低了州际协定调整和治理河流污染的效率。

2. 州际协定遭遇"命令—控制"

尽管 1972 年《联邦水污染控制法》让联邦几乎垄断了水污染控制的权力,使得各州仅有"奉旨"执行的义务,然而,这并不妨碍各州依据宪法获得签订州际协定的权力。因为《联邦水污染控制法》针对州际合作有专门规定:"局长应鼓励各州在预防、减少和消除污染物方面进行合作,鼓励制定与预防、减少和消除污染物有关的、经过改进的、可行的州统一法;鼓励各州之间签署与预防、减少和消除污染物有关的协定";但是又设置了限制条款,"在不与美国法律或美国参加的条约冲突的情况下,国会借此认可 2 个或 2 个以上的州进行协商,并就以下内容达成协议或契约:①共同努力并相互帮助,以预防和控制污染,实施各州与之相关的法律;②为保证此类契约和协定的有效执行,设立专门机构、联合机构或各州认可的其他机构,除非经国会批准,这类契约或协定对当事方的州不具有约束力。

州际协定作为一种防御联邦水污染控制权扩散的武器,在此刻已然失效;狭隘的地方保护主义在州际河流污染治理中悄然退场。一是既有的关于州际河流污染的宽松州际协定遭遇联邦环保局更为严厉的标准体系;二是命令—控制模式统筹流域污染管理,使州际协定中的污染治理条款变得无足轻重。20 世纪 80 年代以后,随着联邦污染控制权的委缩和联邦权力的不断回返各州,州际协定又开始恢复其活力。而命令—控制模式下的法的规制,特别是排放技术标准的确立,为州际协定发挥"优化治理"功能提供了最低水平线。

(二)"卓越的领导权"项目

所谓"卓越的领导权"项目,是指环保署通过为公司提供多种形式的管制缓和措施,从而促成与被管理者合作,刺激企业采取更为灵活的污染削减方式、更经济的污染控制技术(包括预先认可制造流程的变化、以一种污染物或污染介质"交换"另外一种)来达到更高的环境质量或检验某种新型污染控制技术推广可行性的一种合作治理政策。该项目以"适应性管理"理论为基础,作为一项法外试验,其被期望有助于克服旧有规制的僵化,实现一种积极导向的合作、调整和创新。这是一项公私合作治理的工程,是一种"超越"法治的合作治理试验。

1. 项目实践

该计划始于 1995 年,到 1999 年 8 月,该计划的规模扩大到 14 个,有 31 个项目处在协商之中。通过这一项目,环保署可以批准以单一的综合性许可,取代公司传统上为了控制同一场所许多源头的排放而要取得的多重许可。另外,环保署可以据此项目,发布比传统许可适用期更长,而且允许对排放限度进行不同配置的多重许可。为了确保项目的正当性,试图获取这种许可的公司,必须与联邦和州行政机关协商一份具有约束力的谅解备忘录,这被称为"最终方案协议"。协议内容包括公司改善环保绩效的详尽承诺,是新的许可的基础,由州行政机关或环保署负责执行。在正当程序方面,该过程还需要利害关系人的支持,需经历听证、调查等种种过程。

2. 成效与局限

卓越项目以其灵活性、经济性和适应性的优点而为合作者所青睐。比如贝里公司卓越项目协议的实施就体现了合作治理的潜力:这家公司于 1996 年与环保署签订了一份综合性经营许可以替代 15 份单独的许可,此项目以保证该公司在五个领域内(水资源的消耗与保持、气体排放、工业废水处理与湿地保护、固体废物、饮用水与地表水管理)实现更优的环保绩效。这一协议的主要特征,就是设想出一种创造性的、临时性的、可衡量和修正的管制框架。为了彰显其可操作性,公司同意采取监控与披露机制。另一方面,完成项目关键是要兑现相关承诺,为此"最终方案协议"被转换为了实际上可以作为工人操作手册的综合经营许可;于是,只要工人遵守手册行事,该公司的流程就会符合许可的要求。协议重视对公司自身的控制、报告与内部责任机制的依赖,这就要求充分调动公司企业的环保积极性;而在此机制下,实践证明,管理者与被管理者之间的关系也更为和谐。该案中,环保署的探访检查行为就得到了公司的积极合作。

然而,尴尬的是,该项目尚未取得大的成绩,其弊端却日益暴露出来。除了其不循法统,违背既有环境控制的基准外,实践中的局限也让人怀疑其对于整个环保事业的贡献好似杯水车薪。首先,在诘难卓越项目有违法统的同时,卓越项目所受法统的约束也已成该项目发展的桎梏。"参与者从事某些新内容的能力遭到了法律、条例、文化或习惯的一再限制;这些法律与观念上的限制是致命的,否则相关过程就可能实现合作模式的目标"。其次,合作治理的保障机制仍然是缺乏的,即便我们可以保证其不违法,但是具有参与性、适应性和以问题解决为导向的角色和归责机制的缺失,总是会让合作的成效大打折扣。再次,该项目的适用范围很有限,公平性、成本和对价很难评估。该项目缺乏一些试验的制度性激励,责任不明晰,所以就很难吸引地方政府和环境组织积极参与。加之,被管理者的环境受益与成本具有不等价性,而且很难评估,这也一定程度上又对企业的参与造成消极影响。种种限制的叠加,使项目生成与运行的正当性也面临质疑。

(三)水质交易

1. 艰难的选择

虽然命令—控制模式在美国州际河流污染控制中取得了巨大的成绩,然而人们对一种更经济、更持续、更积极模式的探索从未止步:水质交易便是这种模式中的一种。水质交易是排污权交易的重要组成部分,也是水污染治理市场化的产物。所谓水质交易是指在一定区域内,确定一定的排污总量并分为若干部分,然后通过一定的形式(免费发放或拍卖)分配给各排污主体,鼓励区域内部各污染源之间(点源与点源之间、点源与非点源之间)通过市场交换的方式相互调剂排污量,从而实现排污总量的控制,并刺激排污者积极减少污染排放,以获取剩余交易价值的一种交易项目。之所以将水质交易也纳入合作治理的范畴,乃是因为水质交易在客观效果上有利于美国河流保护公共职能的实现;而作为一种探索中的模式,其生成与壮大都需要政府的扶持,也就是强调公私合作。

水质交易相对于命令—控制型管制的优势在于:它考虑到每个企业控制污染所需的成本是不一样的。命令—控制模式基本不考虑这些差别,强迫所有的被管制企业都减少相同的排放量。作为对照,水质交易将减少排污的大部分责任分配给那些能以低成本控制水污染的企业,允许那些无法以低成本减少排放量的企业排放更多的污染物,前提是它们必须在自由市场上从低成本污染者手中购买排污权。另外,水质交易连接了地方各州水污染控制权与联邦水污染控制权,实现了《清洁水法》将点源污染的控制权赋予了联邦政府,以命令—控制模式为主要的调控策略;而非点源污染控制责任设定在各州,各州可以采用自愿性的激励措施(市场调控)来处理这些污染,并借助美国环保局、农业部及各州所提供的教育技术、资金。事实证明,把二者分开处理的成本比融通处理的成本要高得多,这就为实现二者之间的交易提供了利益空间。命令——控制模式下的点源污染与合作治理模式下的非点源污染的交融。水质交易将污染控制的重点从对技术的控制转向对整体水质的控制,体现了污染控制决策权从联邦部分转移到地方各州或污染者方的积极意义。由此,也调动了各州、排污者的积极性,从而实现以市场竞争合作途径实现对改善河流质量的优化。

2. 水质交易的实践与局限

1996 年,美国颁布以流域为基础的排污交易项目开发的框架草案,2003 年发布《最终水质交易政策》,2004 年公布《水质交易评价手册》;由此,水质交易政策已逐渐发展成为 21 世纪美国水污染控制的主导政策。水质交易项目是否成功,主要归于两大要素的实现度:其一,是否以更低的成本(成本利益)实现理想的水质;其二,是否能更高效(理想的期间)地实现理想的水质。作为一种处在监管之中的交易,监管者政策的松与严都会成为交易的障碍:宽松的水质标准或是打折扣的监管力度会降低排污者的排污成本,使交易的需求降低;而更严格的水质标准和更强烈的监管力度则会导致潜在交易者因交易受益的缩减无需交易市场的存在。丹尼尔·科尔将水污染排污权视为一种可交易的私人财产权,这种财产权的价值随着政府政策的变化而波动。作为市场的主体,企业主们期望财产权的安全与保值增值;而政府环保政策的目的是不断减少污染排放量,所以不断蚕食排污财产权就势不可免,这就需要政府在采取更合适的激励机制(如税收调整、财政补助)政策以调和这一矛盾。

水质交易市场与一般的市场一样,它应该具备独立的排污权(产品)、自由流通和交换的机制、充分的竞争;但是,这在美国显然是一个举步维艰的过程。水污染物形式多样、分布不均;水质交易局限于流域内,而流域内排放交易潜在的参与数量相当有限,所以交易市场本就狭窄。交易项目负荷预算和成本的浮动,往往使很多交易者彷徨不定,怠于交易。时至今日,水质交易项目是建立了些,但是水质交易市场仍然难以有效运行;以最早适用水污染交易的 1981 年威斯康星州福克斯项目为例,该项目一直到 1995 年才完成一桩成功的交易。综上所述,美国历史性地选择"一元体系下的多中心合作治理模式",其治理成效是较为明显的,足以说明这一体系的合理性,在维持一定的水质量的前提下开展更有活力的新模式的探索是值得鼓励的。同时,以上三个实例也启示我们,不管对市场多么推崇和迷恋,也不管对合作治理给予了多大期待,这世界上没有"放之四海而皆准"的治理途径。

三、结论

美国探索州际河流污染的治理之道已然百年有余,从分散合作治理到集权治理,再到多元化合作治理,在"保守"与"革命"之间,追寻中庸合作治理之道。美国的富裕有赖于河流的健康,而若要"恢复"河流,治理污染实为首要,但是被动的事后处理实在不是上策,污染预防应该被推为首要。在这方面,美国联邦政府既是掌舵者又是"企业家",一方面紧握执行权、照章办事,另一面又把竞争机制注入管理之中,将各地方政府笼络到一个

被圈定的国家市场,实现合作治理。

相比较而言,跨界河流污染与政体国体似乎没有什么必然联系。美国作为一个典型的联邦制国家,但是在跨界水域污染的治理上实行的是"大一统"的集权治理,辅以分散的治理形式。我国流域水污染治理可以借鉴美国"区域协调"促进"参与共治",走向"多中心合作"的跨流域水污染治理模式。但是就如同美国早期州际河流污染治理一样,单纯依赖地方政府的"分割治理"或寄希望于市场机制下的公私合作,既不合乎"流域治理"的理念,也难以克服"市场失灵""以邻为壑"。牺牲环境保经济增长不是持续之道,河流水污染治理政策的立足点应该基于人民大众的福祉,河流作为生命之源,正是"民生"之根本和为政之要。为了更好地发展,必须恢复我们的河流,恢复我们的生态平衡。

第四节　湄公河的治理与开发

湄公河,国内也称为澜沧江—湄公河,干流全长 4 880 km,是亚洲最重要的跨国水系,世界第六大河流。主源为扎曲,发源于中国青海省玉树藏族自治州杂多县。流经中国、老挝、缅甸、泰国、柬埔寨和越南,于越南胡志明市流入南海(见图 6-3)。流域除中国和缅甸外,均为湄公河委员会成员国。湄公河上游在中国境内,称为澜沧江,下游三角洲在越南境内,因由越南流出南海有 9 个出海口,故越南称之为九龙江,总河长 2 139 km。湄公河流域面积大于 5 000 km² 的支流有 22 条。其中,中国澜沧江流域面积 16.48 km²,多年平均流量每秒 2 140 m³,平均年出境水量 765 亿 m³;缅甸境内流域面积为 2.4 万 km²,多年平均流量每秒 300 m³;老挝境内流域面积 20.2 万 km²,多年平均流量每秒 5 270 m³;泰国境内流域面积 18.4 万 km²,多年平均流量每秒 2 560 m³;柬埔寨境内流域面积 15.5 万 km²,多年平均流量每秒 2 860 m³;越南境内流域面积 6.5 万 km²,多年平均流量每秒 1 660 m³。在云南省境内干流长 1 240 km,占全干流长的 1/4。

作为国际河流,澜沧江流域目前存在着自然灾害频繁,中游地区土壤侵蚀严重,森林生态功能较弱,草场退化,濒危物种的生存环境逐渐缩小和种群数量减少以至物种消失,局部地区污染严重等六大生态环境问题。总的来说,湄公河作为最重要的亚洲河流,具有流域面积广,出海口多,水资源丰富的流域特点。同时,上下游环境生态脆弱,环境保护压力巨大也是湄公河流域所面临的切身的现实情况。

一、湄公河环境保护国际合作的重要性

如何在那么广大的流域中解决湄公河流域的环境保护问题,一直是流域各国面临的重要挑战。在解决湄公河流域利用过程环境与资源相协调、生态与人口相协调、上下游之间的环境一体化相协调等问题的过程中,湄公河流域国家认识到:只有国家合作才能够最终解决湄公河流域国家环境保护的协调性等一系列问题。这是因为湄公河环境保护国际合作的重要性体现在了以下几个方面:

(1)跨国河流的自身特点决定了只有国际合作才能解决环境保护和河流开发问题。国际环境法中生态环境保护的国际合作是指为谋求共同利益,国际社会各成员在保护和维护国际环境的事业中,本着全球伙伴和协作精神采取共同行动。澜沧江—湄公河属于

图 6-3 澜沧江—湄公河流域图

典型的跨国河流,在水资源作为新的自然资源的今天,水资源的自然垄断性,决定了各国都渴望对本国的水资源实行国家主导的垄断利用,最大限度地开发本国的水资源,新建水利设施,保护水流生态环境,以达到水资源利用效率的最大化,促进本国相关经济的发展。然而水资源的流动性却决定了对于跨国河流,其有限的水量使得单一国家对水资源的利用必然会影响到他国水资源的开发和利用,单一国家对水资源及其相关区域环境的污染同样会影响其他国家水资源和区域环境的保护。如 2010 年 3 月中国西南地区及泰国、老挝、越南和柬埔寨遭遇的大旱,四国就认为中国在湄公河(我国境内为澜沧江)上游修建水坝导致旱情加重,并希望中国能够打开大坝放水,发生水资源利用的争端。同时,湄公河上游及澜沧江流域是自然灾害严重和频发地区,地震、泥石流、滑坡等自然灾害频发,需要各国合作建立有效的联合防灾、减灾及预警机制。可见,国际合作是解决水资源利用争端和环境保护的唯一的有效途径。

(2)国家在国际中的责任要求国家参与到澜沧江—湄公河利用与保护的国际合作中来。国际河流开发利用水资源和航运资源是沿河国家发展经济、改善民生的必由之路,也是每个国家利用自身环境资源的应有权利。澜沧江—湄公河流经的各国地理位置、流域、流量均有不同,各国对河流的依赖程度也有所不同,客观上决定了各国对该河流的开发、利用和保护的出发点与具体措施大相径庭。同时,目前在国际上尚未有普遍性的各国都认同的国际水权的开发和使用标准。因此,无法以现有的国际法规定来衡量普遍的国家在跨国河流利用中的各国的权利和义务,这也是造成跨国河流水资源利用、开发和生态保护国家之间存有大量争议的主要原因。然而,没有具体的规定并不意味着国家在利用和开发水资源,进行环境保护的过程中就缺乏相应的国际责任,只需顾及自身利益而可以否认他国权益,甚至危害他国环境及水权;也不意味着一国可以利用保护本国环境、水资源为由肆意干涉他国水资源的合理开发和生态保护工作。随着国际法的发展,越来越多的国家承认:国家主权是一个相对的概念,在涉及特定领域和共同的利益的时候,国家与国家之间必须形成一种让步。

国家作为国际法的最基本主体,对于国际河流的利用和环境保护具有不可推卸的责任。随着工业化的不断发展以及人类对水资源的需求多元化,国际河流问题已经引起了许多国家的关注和认同。1972年联合国《人类环境宣言》就指出:“依照联合国宪章和国际法原则,各国有按照其环境政策开发其资源的主权权利,同时亦负有责任,确保在其管辖或控制的范围内的活动,不致对其他国家的环境及本国管辖范围以外地区的环境引起损害。”国家在利用自身资源——包括水资源的同时,应当对其他国家的环境和资源利用负有保护责任。

联合国于1992年和1997年签署《跨界水道与国际湖泊保护利用公约》《国际水道非航行使用法公约》。其中《国际水道非航行使用法公约》就规定:水道国在适当情况下应共同保护和保全国际水道的生态系统。较为完整地明确了国家与国家之间利用国际河流及其生态保护问题。不仅如此,已经形成的《21世纪议程》《里约热内卢环境与发展宣言》《生物多样化公约》等国际法文件,国际判例中都体现了国家对损害环境应承担的国际责任的要求。我国虽然尚未参与到《跨界水道与国际湖泊保护利用公约》《国际水道非航行使用法公约》当中,但作为负责任的大国,中国具有维护地区环境安全、维护地区稳定义务,无论从国际法的角度,还是为了地区的发展与稳定,都应在国际河流利用和保护中负起应有的、适当的、不可推卸的责任。

(3)湄公河的利用与生态保护直接影响到西南地区国际贸易的发展。环境保护对国际贸易具有不可否认的影响,政府通过不同的环境手段对国家的贸易会产生不同的直接影响效果。具体而言,在环境标准方面,各国根据本国的环境法规和所参加的国际环境公约制定相应的环境保护措施,在某种程度上会对特定的贸易产生一定的限制性影响。同时,环境标准较高的国家的污染企业会向环境标准较低的国家转移,而这些国家往往为了本国的经济利益而引进这些企业导致本国及周边环境的恶化;但同时产品的环境成本较低,更具有国际竞争力。另一方面,政府对环境保护提供财政资助或其他方面的支持,同样会影响产品的成本价格,进而影响产品的国际竞争力。高环境标准国家的环境措施也对低标准环境国家的产品进行限制,在一定程度上会长期地对特定产品的出口造成一定的准入障碍。

具体到澜沧江—湄公河次区域而言,中国的环境政策同样对我国与相邻国家的国际贸易产生相应的影响,如果我国采取较低的国际河流的环境保护标准,不仅会使我国及周边区域的环境污染加剧,同时也会受到相邻国家对我国的产品出口进行限制,即使拥有较低的产品成本,其生态环境成本极有可能大大超过它所获得的经济利益,结果是牺牲了该地区的可持续发展利益;如果采用大大超过实际的环境标准,则会造成我国西南地区产品成本较高,缺乏竞争力的问题。同时,澜沧江—湄公河作为主要的船运通道,上游的污染物和水流利用直接对下游航道的运输造成了一定的影响,有可能阻碍船运贸易的发展。如2010年的干旱就使得澜沧江—湄公河流域的老挝、缅甸段因水位浅无法航行而滞留,多国就将该问题的矛头指向中国境内的水坝对澜沧江的截流。可见,国际河流的利用和生态保护对相邻国家国际贸易起着重大影响,只有合理地进行利用、妥善地进行保护,才能达到真正促进贸易增长和地区乃至国家经济发展的目的,最终实现可持续发展。

二、湄公河生态保护国际合作的现状及问题

湄公河生态保护国际合作是湄公河现阶段生态保护的重点和难点。湄公河流域的生态保护在流域各国的共同努力下还是形成了一定的环境保护国际合作成果。

(一)湄公河生态保护国际合作的现状

在生态保护国际合作方面,呈现出湄公河下流域国家加强了流域开发的合作,并于1995年签订了《湄公河流域可持续发展合作协定》。《湄公河流域可持续发展合作协定》共6章42条。该协定全面规定了关于合作领域,协定规定各缔约国在可持续开发、利用、管理和保护湄公河的水资源和有关资源的一切领域里进行合作。协定还规定了磋商程序、通知程序。同时规定了湄公河流域合作的机构和解决分歧和争端的程序。

在环境保护方面,我国参与的环境保护主要有:进行澜沧江流域及红河流域防护林体系建设,澜沧江—湄公河环境监测及信息系统,大湄公河次区域六国启动生物多样性保护走廊项目。

(二)我国在湄公河次区域环境保护国际合作中存在的问题

我国虽然在澜沧江—湄公河国际合作利用与保护领域已经做出了许多的努力,并得到了广大的认同。然而,与欧洲莱茵河国际河流利用和保护相比,中国在澜沧江—湄公河区域的河流利用和保护的国际合作处于刚刚起步不久的阶段,不论是合作领域还是合作程度,与莱茵河等著名国际河流合作尚有较大距离。总的来说存在以下几点问题:

(1)水资源的利用问题。

澜沧江流域,水能蕴藏量超过3 600万kW,目前在西南国际河流中水能开发程度最高的河流,但也仅达到10%左右,下游的湄公河流域开发程度亦不足10%(水能蕴藏量达3 700万kW),水电开发明显落后。但水资源的利用与生态环境保护又在明显冲突,如有学者指出,在湄公河平原地区筑坝必然会对鱼类的洄游产生影响,同时截流的水资源会造成下游水资源的匮乏,影响下游的生态环境,甚至影响下游的航运贸易。如何处理水资源利用与河流生态保护的问题,使得电力资源、生态资源与航运贸易三者均能兼顾,是澜沧江—湄公河利用和保护国际合作需要解决的最主要问题。

(2)中国利用和保护澜沧江—湄公河的努力和应当承担的责任问题。

中国处于澜沧江—湄公河以及次区域另外的几条国际河流的上游或源头,这一特殊的自然条件决定了中国在国际河流的利用与环境保护方面的合作面临巨大的压力。国际河流的特殊性,决定了中国对澜沧江—湄公河的利用和环境保护将直接对下游的所有国家的水资源利用和保护产生影响,我国实行较差的环境保护会使下游国家背负治理环境的较大压力,但我国的环境成本较低;较好的环境保护则将大大减轻下游的环境保护压力,但同时中国也将承担更多的环境保护成本。中国主张在国际环境保护与合作当中,各国应当承担共同但有区别的责任。中国作为该国际河流的上游国家,应当对河流的环境保护承担义务,但也不能为了下游国家自身的环境责任而大大增加中国澜沧江流域的经

济负担,影响西南地区的经济发展。如何承担该河流在中国境内的环境保护责任,是中国和相邻国家应当共同负责任的问题。

(3)对于水资源利用权利问题。

中国对于本国领土内的河流具有无可争议的主权,有权利合理的开发和利用澜沧江的水流资源。但河流的上游水资源利用也同样会对下游的水资源产生影响,要相邻国家对该后果承担全部责任显然有悖国际法的公平原则。如何合理的利用该河流的水资源并促进各国对水资源利用效率的提高是中国在澜沧江水资源利用中要面对的另一个问题。

三、解决当前中国澜沧江—湄公河利用与保护问题的几点思考

(1)建立澜沧江—湄公河开发、生态保护与航运贸易相结合的管理规划模式。

澜沧江—湄公河的开发、生态保护与航运贸易是三者紧密联系、相互影响的关系。单一的管理和规划已经无法满足当前利用和开发该流域所要面对的复杂的生态保护环境问题和航运贸易问题。2010年干旱导致的航运断行,下游水源枯竭已经给我国单一性的治理和规划该流域水资源开发敲响了警钟,建立完善的水资源开发利用、河岸区域生态保护、国际航道贸易安全的联动机制已经势在必行。

当前应进一步加强对流域水资源的开发和利用。由于流域社会制度、意识形态各异,市场经济不发达;贸易体制不完善;合作机制松散;协调、咨询机制不完善;缺乏适当的争端解决机制等原因,区域合作受到了严重制约。在今后的合作中应在保证环境不进一步恶化的条件下加强对流域水资源的开发利用,进一步开展新时期我国参与澜沧江—湄公河次区域经济合作的宏观战略研究,确立我国在澜沧江—湄公河次区域经济合作中的长期目标,并有计划地一步一步推进对流域水资源的可持续开发利用。

对国际河流的利用主要分为国际河流的航行利用和国际河流的水资源利用两个方面。我国对国际河流的利用主要表现为对国际河流水资源的利用,而对国际河流的航行利用却还很少。因此,在未来的区域合作中,要进一步加强对澜沧江—湄公河的航行利用。

同时,我们要加强对国际河流的环境保护合作。如果各个国家仍然只顾自己国家的利益开发利用国际河流,那么这种恶性竞争必然造成国际河流水资源的枯竭、水质的恶化以及生态系统的破坏等一系列问题。目前水质保护已经成为国际河流合作的重要内容。

(2)与相邻国家在国内外环境保护与水利开发增加互动的国际合作并明确相应的国际责任。澜沧江—湄公河流域的环境保护不是单一国家的责任,是需要该流域国家共同协作才能解决的一系列问题。单一国家的水资源利用也不可避免地要保护他国的水资源安全。建议中国和老挝、缅甸、泰国、柬埔寨和越南形成定期的互动机制,及时对澜沧江—湄公河流域的环境保护采取相应的措施予以通报和协商,减少误解,增加互信,最终形成具有国际法律地位的多国双边条约。应分以下几步构建国际合作平台:

第一,流域各个国家通过协商出台澜沧江—湄公河水资源利用和环境保护计划。水资源利用和保护需要一个长期的规划,只有长期的规划才能够适应环境保护随时变化而在不同时期满足不同的要求。该计划应当由澜沧江—湄公河流域各国参与制定,在不同的经济条件下制定不同的环保责任,且应当包括环境的可持续发展计划,地表水、地下水

及水生态系统保护计划,对河流排污及危险物质监控计划以及对洪水和干旱的防治计划四个部分。同时,为计划的实施设立由多国参与的计划援助机构,对计划的不同阶段进行监督和指导,并协商有关事宜。

第二,共同设立由多国参与的澜沧江—湄公河环境保护机构。近年来,许多国家逐步意识到:没有机构和程序上的制度保障,国际河流管理是十分困难的,有必要成立专门的国际河流委员会对国际河流进行管理。国际河流管理委员会的职权也有所加强。对于澜沧江—湄公河的管理和保护同样需要有制度上的保障,这就要求各国应当共同成立一个专职机构负责河流的环境保护工作,其应主要负责对重大水利项目的环境评估工作,重大环境项目的监督工作,澜沧江—湄公河环保信息数据的管理工作以及洪涝灾害及水质的日常监控工作。

2016 年 3 月 23 日,澜沧江—湄公河合作首次领导人会议在三亚举行(见图6-4),会议发表《三亚宣言》,将澜湄合作机制固定下来。澜湄合作确定了 5 个优先领域,即互联互通、产能合作、跨境经济合作、水资源合作、农业和减贫合作。在这 5 个领域中,由于水是人类生存之本,也是国家的战略资源,水资源合作具有突出重要性。因此,《三亚宣言》特别强调“通过各种活动加强澜湄国家水资源可持续管理及利用方面的合作”,并决定建立澜湄流域水资源合作中心。澜湄合作机制因“水”而生,中国与湄公河国家在澜湄跨境水资源管理方面的合作若能顺利开展,对于彼此之间的经济合作和政治互信有着重要意义。

图6-4　澜沧江—湄公河合作首次领导人会议在三亚举行

第三,加大国际组织在澜沧江—湄公河的水资源利用和保护中的作用。国际组织逐渐介入跨界水管理:联合国环境开发署、联合国亚洲和远东经济委员会、亚太经合组织和亚洲开发银行对湄公河的开发、利用、保护和管理发挥越来越大的作用。如自 1992 年迄今,亚洲开发银行为湄公河流域国家的基础设施建设累计提供贷款 7.7 亿美元,帮助融资2.3 亿美元,已经在运输和能源领域完成了 9 个项目,很好地为该河流的利用和保护提供了援助。在 2009 年正式成立了中国—东盟环境保护合作中心并制定了《中国—东盟环保合作战略》,使得中国在澜沧江—湄公河利用与保护的国际合作方面又前进了一步。中国应当加快向前推进国际组织在澜沧江—湄公河利用与保护中所起到的作用,不仅自身加大与国际组织的广泛合作,同时鼓励国际组织参与到中国与周边国家对澜沧江—湄公河利用和保护的项目中来。这样既可以提供资金上的有利支持,还可以在技术和理念上给予先进的指导,将会对进一步的国际合作起到积极的推进作用。

四、澜湄合作治理需要解决的关键问题

(1)建立水资源及其开发利益分配机制。有效管理体系的一个重要部分是就参与(谁应该参与、在多大程度上参与)、决策(怎样使决策透明)、分配(水资源及其开发利益的分配)原则达成一致。因此,建立相关的原则和标准是实现地区公共利益的重要一步。湄公河流域国家虽在湄委会的框架下合作数十年,但一直未能建立起水资源及其开发利益分配机制。"在没有制度约束的情况下,干流水电站建成后,国家之间、社会之间的成本和收益难以实现公平分配或将成为湄公河水资源治理的最大挑战。"根据舒克瑞和诺斯的"侧向压力理论"(lateral pressure theory),当国家对资源的需求不能在一国境内通过一种合理的成本获得时,国家会向外诉求,而分配机制的缺乏和薄弱容易扩大冲突的可能性。但与此同时,建立合适的联盟可以增加资源获取能力,这种联盟、条约或其他国际契约的形式经常可以用来结束或缓解利益冲突。中国与湄委会在水问题上虽对话多年,但缺乏常规的合作与协商机制。未来双方应逐步推动建立有效的全流域治理架构。

当前,上下游国家制定一项统一、具有广泛约束力的政策框架的条件仍不成熟。合作应遵循渐进的原则,先在技术层面上实现信息共享,再在政府层面开展定期磋商,最后制定强有力的政策和法律框架,建立有效的流域治理架构,实现流域国家间公平合理的水资源分配,使包括受影响民众在内的各利益攸关方在水电开发中得到合理的利益分配或利益补偿,并将水资源开发对环境、社会和文化的影响降至最低。

(2)避免低效的过度投资。2012年1月,湄公河地区的非政府组织和学者在泰国朱拉隆功大学召开主题为"Know Your Power"的会议。很多与会人士呼吁政府给予民众足够的信息:国家发展到底在多大程度上需要水电?有无替代选择?正确估算未来电力需求量(尤其是越南和泰国,因为湄公河地区大规模的水电开发正是建立在这两国电量需求高增长的预测之上)、提高能源利用率、避免低效的过度投资,成为决策者们不能回避的重要问题。

目前,关于越南和泰国的能源需求预测存在巨大争议。亚洲开发银行的《2025年大湄公河次区域能源期货基本研究》估计的越南国家能源需求,只有越南政府估计的54%。在泰国,国家电力发展规划由国家电力局基于对未来需求的预期而定期提出,而对电力需求的预期,是建立在对该国未来15年GDP预测的基础之上。然而,预计需求与实际需求相比,经常过于乐观。此外,能耗强度是衡量能源效率的综合评价指标,指的是每单位经济产出的能源消费量,计算方法通常把一个国家当年的能源总消费除以GDP。世界整体的能源强度呈下降趋势,而泰国和越南则是呈上升趋势。一个国家对电力领域过度投资将产生两个不良结果:一是造成对环境和当地社区不必要的影响;二是资产的无效率使用,降低了该国在全球市场的竞争力。因此,流域水资源合理开发需要正确估算地区未来

电力需求量,通过实施需求侧管理、减少电力传输损耗等办法提高能源使用效率,并且因地制宜积极开发多种新能源。比如老挝大部分是山地,电力远程运输损耗大,电价昂贵,可以就地开发农村多种新能源,如小水电、太阳能和生物能等。

(3)提升合理开发利用水资源的技术手段和科学方法。科学合理的水坝建设,是调控澜湄流域水资源时空分布不均及其供需矛盾的关键。流域国家利用水资源的渴望日益强烈,但对开发造成的实际影响的理解却很模糊。在学界和公民社会中,关于当前澜湄水资源开发计划影响的研究和讨论开始增多,作为湄公河流域管理机构的湄委会也相继出台了基于水资源一体化管理的流域发展战略和干流建坝影响评估。大流域间调水是否会导致严重的生态失调? 森林对水资源的作用到底有多大? 全球气候变化对未来水资源将带来怎样的影响? 对这些问题的认识还有较大程度的不确定性。各国应积极联手开展关于大坝建设的环境影响评估,“把开发与保护环境和资源联系起来,从一个大区的角度进行设计和开发”,这对合理开发利用水资源具有深远的意义。未来制定水资源政策所面临的挑战应为减少水资源脆弱性,达到资源开发与维护生态健康的平衡。

(4)引入公众参与治理机制。目前,虽然澜湄流域公民社会比较活跃,但非政府行为者真正参与河流水资源管理的机会有限,涉及水基础设施开发的决策过程并未按照世界大坝委员会2000年建议的那样进行根本改革。流域发展战略由精英制订,公众很少参与。所谓的“公众参与治理”,局限于社区会议或一些利益攸关者论坛上,而且是在项目已经被政府列入日程之后,连参与者名单也是经过仔细审查的。正因为缺乏合理有效的参与机制,受影响群体一般倾向于通过抵制和抗议来参与水资源开发项目。

从一些反坝案例可以看出,很多时候,当地社团反对的并非水坝本身,而是建坝决策过程的不透明,以及弱势移民被排斥在外的利益分配机制——能源效益被输送外流,而移民得到的补偿不成比例,原有生计遭到破坏,无法分享水电带来的利益。例如,泰国帕穆水电站(Pak Mun)兴建时,随着工程人员不断通过爆破将岩石从河中运出,当地居民才清楚工程地址的所在地。水电站的建成并未使当地经济发展受益,农民们因为失去赖以生存的生态系统,一如既往地贫困甚至更为严重。而老挝南屯2号水电站获批时,42个国家的153个公民组织曾致信世界银行行长,抗议在水电站项目规划阶段公众参与未能真正实现。他们表示,尽管南屯2号比起老挝其他项目重视了公众参与,但不是在是否应开发南屯2号这一关键问题上征求公民意见,只是在项目获批后召集公众协商如何缓解开发导致的影响。

澜湄开发利用的目的不是使一部分人受益,而是实现公共利益。所谓公共利益,是指非排他性的利益,也就是没有一个人会被排挤。公共利益还具有非竞争性的特点,即一方利益的增加并不会使其他方的利益减少。公共利益的实现方式是“参与治理”,即在政治决策过程中考虑所有利益攸关者的关切。从广义上讲,公众参与应包括从信息传播到决策参与的全部过程。

第七章 重庆市实施河长制的实践与探索

在重庆市出台河长制工作方案之前,荣昌、璧山、万州等区县已经探索实施了河长制工作。2014年,荣昌区获批水利部第一批河湖管护体制机制创新试点县,成立了河长制工作领导小组,开展了一系列河长制实践创新工作;璧山区在璧南河流域污染综合整治工作基础上,提出了"河段长"的概念,与河长制有着异曲同工之处;万州区按照"属地管理、分级负责"原则,实施了区、乡镇(街道)、村(社区)三级分工负责制,对应落实河长、河段长、巡河长工作责任;长寿区在三条次级河流综合整治过程中由区主要领导担任"指挥长",形成"上下联动、左右协同、齐抓共管"的工作格局;合川区在南溪河小流域生态文明建设试点过程中试行河长制管理模式;梁平区在龙溪河治理的基础上推行河长制,建立了县、镇、村三级河长体系。

第一节 重庆市实施河长制的探索

一、荣昌区实施河长制的实践

(一)创新河湖管护模式

2014年10月,荣昌区积极向重庆市申报了第一批试点县。经过水利部的遴选,成为水利部第一批及重庆市唯一的河湖管护体制机制创新试点县。按照水利部《河湖管护体制机制创新试点实施方案编制大纲》的要求,编制了《荣昌区河道管护体制机制创新试点工作实施方案》(以下简称《实施方案》),并征求了相关部门意见。重庆市水利局和水利部分别对《实施方案》进行了审查,完成了实施方案的编制工作。2015年11月20日,荣昌区人民政府对《实施方案》进行了批复,随后成立了试点工作领导小组、河长制工作领导小组;同年12月,区编办批复荣昌区水务局设立河道站,专门负责全区河道管理工作;同时,按照水务局水利改革总体工作进度安排,结合产权制度改革和农业水价改革,2016年继续以村(社区)为单元组建完善供(用)水户协会,由协会安排专人负责辖区内河道的巡查工作。至此,荣昌区河道管理"区、部门、乡镇(街道)、村(社区)"联动机制基本建立。

2015年荣昌区首先在对境内的11条骨干河道逐一确定河长、河段长。在此基础上,计划2016年在11条骨干河道实施河长、河段长制,2017年将全区182条区、镇级河道一并纳入河长制管理。11条骨干河道由11个县级领导或部门领导担任河长,明确11个部门牵头负责该河道管理工作。11条骨干河道的各乡镇(街道)主要负责人为所在辖区河段的河段长,实行"一河一长一部门",做到责任主体、整治任务、管理措施三到位。在明确河长、河段长的基础上,分流域落实技术负责人员,提出实施河道长效治理和管护切实可行的工作方案,由各河长根据所负责河道的工作方案,组织开展综合整治,全面落实长效管护措施,并对河道的水环境和河道健康全面负责,确保河道不被破坏和水环境得到明显改善和持续改善。

为了达到全区河道长效管护措施和水环境质量持续稳定改善的目标,荣昌区河长办加大制度建设的力度,首先,编制《河长和河段长制度的实施方案》,建立和完善"一河一策"管理机制,明确各河长、河段长的工作职责和主要任务,对各职能部门的工作职责做出具体明确的规定。其次,建立河长分级约谈制度、工作督察制度、工作通报制度、工作考核制度、资金保障制度以及各部门联系会议制度等,通过制度来形成河道的长效管理机制。此外,区河长办还深入社区(村社)和群众中,广泛听取、征集群众对重点河道治理的意见和建议,将好的意见建议运用到河道管理保护工作中,推动了荣昌区河长制管理工作,取得好的效果。

(二)明确河湖管护主体,落实管护人员、管护经费

对河道实施长效管理,是建立河长制的一项重要目标任务。建立和推行河长制,并不意味着将取代河道主管机关的职责,而是为了帮助和促进河道主管机关更好地履行职责。推行河长制加强河道管护和整治的同时,进一步落实河湖管护主体、责任和人员经费,健全管护制度,保障管护人员、技术力量和管护经费。

1. 河湖管护主体

加强河湖的管护一定要按照"属地管理"的原则,落实好管护的责任。按照荣昌区河道流域面积的大小情况,主要落实好两个责任主体:一是区级管理责任主体;二是乡镇(街道)管理责任主体。

2. 落实管护人员及经费

河湖管护体制机制创新试点工作能否长效地开展,主要解决落实好河道的管护人员和经费。2015年,由区水务局制订出《荣昌区河道管理维护实施方案》提交区常委会讨论。从2016年开始,区级管护河道由区水务局组织管护人员,明确日常管护责任人。

3. 建立健全管护制度

为了进一步加强河道巡查和管护力度,加强岗位责任意识,强化河道管理人员的岗位职责,严格落实岗位责任制,确保正确履行管理职能。区水务局按照相关法律法规及管理技术要求,按岗位制定出相应的《荣昌区河湖监管巡查报告制度》、《荣昌区河道维修养护制度》和《荣昌区长效保洁考核管理制度》等管理制度。由区环保局根据环境综合治理的要求,制定相应的《荣昌区水域环境安全隐患排查制度》《荣昌区水域环境安全隐患整改制度》《荣昌区水域环境安全隐患排查登记和消除报告制度》《荣昌区水域环境安全隐患排查责任制度》《荣昌区水域环境安全事故隐患奖惩制度》等管理制度。

4. 管理方式多样化

荣昌区在河湖管护体制机制试点工作中,要积极探索对河湖管理模式进行创新,积极引入市场机制,凡是适合市场、社会组织承担的工程维护、河道疏浚、水域保洁、岸线绿化等管护任务,可通过合同、委托等方式向社会购买公共服务。具体采用以下方式:一是河道工程维护和河道疏浚可以将河道分段向社会通过招投标或竞争性谈判进行承包维修养

护。区水务局和各乡镇(街道)也可以成立专业的维修养护队伍进行维修养护。二是河道水域保洁可以由河道管理责任单位根据河道自然状况,建立村组、乡镇(街道)、区河道保洁专业化队伍,划分保洁责任区,通过公开招标的方式落实保洁责任,负责责任区河道水面、堤岸、绿化带、景观设施的保洁和管护,城区则纳入城市园林、环卫管理,同时应接受河长办的督察检查,以实现水面无垃圾、无漂浮物,水中无大面积水草,堤岸路面无垃圾和杂物。保洁经费列入社会公益事业支出,由县、乡镇(街道)财政纳入预算予以拨付。三是河道的岸线绿化可以在争取上级建设资金的基础上,将可利用的河滩地引进苗圃园林企业进行苗木生产,同时将岸线绿化交由苗圃园林企业种植管理。

(三)河道岸线保护规划工作开展情况

2009年,根据重庆市水利局《关于开展河道岸线利用管理专项规划工作的通知》(渝水河〔2008〕29号)文件精神,荣昌区已完成了濑溪河、清流河、白云溪河、峰高河、马鞍河、洪子河的河道岸线利用管理规划;2010年完成了部分场镇过境段的河道岸线利用管理规划。由于已完成的规划主要用于河道管理范围划界和岸线功能区管控,尚不能完全满足河道岸线资源空间管控的要求和实现市域法定城乡规划全覆盖的要求,需要进一步深化规划。

2015年,按照重庆市水利局《关于2014年全市城乡规划工作任务分解的通知》(渝水规计〔2014〕17号)的文件精神、《重庆市河道岸线保护与利用规划编制工作大纲》和《重庆市河道岸线保护与利用规划编制技术细则》要求,全面完成区政府所在地规划区范围内集水面积1 km²以上河流的河道岸线保护与利用规划编制和审批工作。区政府将成立河道岸线规划领导小组和工作组,落实人员和经费。由区水务局牵头,相关单位配合,利用现有的流域综合规划、流域防洪规划、水资源保护规划等重要规划,按照《重庆市河道岸线保护与利用规划编制技术细则》的技术要求,选择达到资质要求的编制单位,详细普查荣昌区建成区河道的岸线长度、水面面积、库容、现状用途、管理单位、土地权属等基础数据;在确保防洪安全、维护河势稳定、保障航道通畅的总体要求下,根据荣昌区总体发展规划的要求,开展《荣昌区河湖岸线控制利用管理规划》编制的工作,科学制定荣昌区河湖岸线功能区规划,科学划定岸线开发利用区、保留区和保护区。将河湖水面的保护范围纳入城市总体规划一张图,在此基础上研究制定《荣昌区河湖岸线功能区管理办法》及相关配套法规,建立具有可操作性的岸线功能区管理制度,同时制定《荣昌区河湖岸线保护与利用管理办法》及相关配套政策。

(四)河道管理范围划界工作开展情况

按照水利部《关于加强河湖管理工作的指导意见》的要求和重庆市水利局对2015年河道划界工作的安排布置,2016年计划对全区195 km的河道完成划界工作。按照市级下达的目标任务及时限,高质量完成河湖管理范围划定和明确管理界线,设立界桩、管理和保护标志等工作,促进河湖管理权责明确、监管有效。同时,采取多种形式,面向社会广泛宣传河湖管理范围划定工作的重要性,宣传相关法规政策,使全社会了解水法规,理解和支持确权划界工作。

开展荣昌区的河湖水域岸线登记、河湖管理范围划定、水利工程确权划界工作。抓紧制定河湖水域岸线登记办法,保障水域岸线登记工作统一标准、统一平台、统一发证。同时,一方面对现有水域岸线项目全面清理,该完善手续的完善手续,该取缔的坚决取缔;另一方面加强执法,坚决打击占用岸线、破坏岸线的行为。

(五)涉河建设项目审批管理情况

在涉河建设项目审批过程中,严格按照法律、法规和政府文件许可开展工作,以《荣昌区河道划界成果》和《荣昌区城区岸线保护与利用规划》为指导,根据相关规划,认真分析涉河建筑物对防洪排涝的影响程度,并提出修改意见,对占用水域的必须确保水域"占补平衡"的原则,对不能满足要求和占补不平衡的决定不予审批。此外,积极地与市政、国土房管、林业、交通、环保等有关部门加强协调和沟通,严格按照《荣昌区建设领域分段式并联审批暂行办法》(荣昌府发〔2014〕45 号),把好涉河建设项目审批关,此项工作得到了有关部门的大力支持和配合,在河道管理范围内乱上项目和违章设障的势头得到有效遏制。

(六)河道日常巡查监管、水行政执法情况

一是基本情况调查,制定"一河一策"。荣昌区各河长和河段长要会同管理责任单位,开展对河道的起始点、长度宽度、水深、水质等自然状况调查的同时,重点对河道排污口、水面、河岸、淤积等方面情况的调查研究。建立形成"一河一档",包括河道的基本状况、水质情况、水环境与水生态情况等,分别以文字、表格、图片等形式建立档案。制定"一河一策",包括如何开展综合整治、如何实施长效管理、河道水质与水环境改善的时序进度等要求。二是按照《重庆市河道管理条例》和《荣昌区河道巡查报告制度》的要求,建立河道日常巡查责任制,提高巡查到位率,切实加强公安、环保和水政监察联合执法工作,建立重点巡查执法责任制,做到责任到人、责任到位。在全区辖区内推行分片巡查责任制,强化巡查常态化,及时查处水事违法行为,确保日常巡查责任到位、人员到位。定期编制河道管理季报,通报给河长和河段长。三是制订巡查计划,明确河湖巡查内容,统一标准,制定日常管护信息台账和记录报表(日常巡查记录表、清障(漂)记录表、水质记录表、违章占用河道记录表、维修养护记录表等),加强对涉河建设项目、河道工程管护、排污口设置等涉河活动的巡查检查,加大对荣昌区重要河道、重点河段和重要时段的巡查密度与力度,对涉河违法违规行为和工程隐患早发现、早处理。四是积极利用电子设备,全方位监控荣昌区河道日常巡查工作,并将河道巡查和检查工作纳入绩效目标,加强监督检查。五是责任公示制度,为了明确责任和管理透明度,建立《河长、河段长制公示制度》,在每条河道醒目位置设立河道的河长、河段长、管护人员的管护公示牌、宣传牌,明确河长、河段长职责、工作目标、工作措施、工作进度以及联系电话。让沿河百姓了解河道保护常识,增强保护自觉性。同时对沿河单位和居民签订《卫生自律责任书》。六是强化行政督察与社会监督。凡是推行河长制的河道,不仅建立相关的行政督察机制,还要形成了社会监督机制,每一条河道的长效管理措施是否落实、管理得如何,不仅政府知道、社会知道,老百姓也要知道。七是 2016 年 10 月开始,制订河道保洁整治方案,在 11 条河道和其他过乡镇(街道)段河道,集中开展一次全县各部门配合的河道保洁整治行动。八是培训上岗制度,由区水务局不定期对全县河道管护人员统一进行培训。

荣昌区河道巡查、水行政执法、普法宣传教育是三位一体的,由区水政监察大队具体实施,在执法人员不足的情况下目前对濑溪河、清流河及城区河段开展了不定期的巡查。

(七)水域岸线资源占用补偿情况

对于水域岸线的占用补偿情况,由于荣昌区水域岸线基础资料薄弱,河道岸线管理利用与保护规划不完善,加之重庆市没有出台相应的水域岸线资源占用补偿办法。所以,此项工作目前还没有开展。

(八)加强监督考核,河湖管护纳入地方政府考核

为了加强对荣昌区河长、河段长制度的落实,2016 年,由区河长办、水务局、环保部门共同制定《荣昌区河长和河段长制度考核办法》,明确考核各河长和河段长及相关单位履职情况,并将此考核纳入区级目标任务考核内容。建立全程督察机制,由区目标督察办、河长办、区水务局牵头组织开展河湖管护体制机制创新工作督察,通过定期检查与重点检查、全面检查与专项检查相结合的方式,对河长制管理工作和试点各实施分阶段考核,查找工作中存在的问题,及时提出督察、整改意见,确保各项工作真正得到落实。

二、璧山区实施河长制的实践

璧山的河道管护是在璧南河全流域污染综合整治工作基础上开展的,提出了河段长的概念,与河长制有着异曲同工之处。从 2009 年 12 月至 2011 年 12 月的两年为璧南河全流域污染集中综合治理时段,此后为常态治理。其中集中综合治理分为四个步骤实施。

(一)摸底调查阶段(2009 年 12 月至 2010 年 1 月底)

主要任务:一是各责任河段长单位在河段督导长和有关部门、乡镇(街道)配合下开展调查摸底,并提出初步处理建议。二是环保部门牵头制订治理工作总方案和配套工作制度,有关部门对Ⅰ、Ⅱ类污染源进行排查、分类并分别牵头制订行业整治方案,各河段长单位制订河段治理方案。三是区内有关媒体启动日常宣传报道工作,纪检、监察、组织、人事、督察等部门启动督促检查工作。

(二)集中执法检查阶段(2010 年 1 月下旬至 2 月中旬)

主要任务:一是在进一步调研基础上,修改完善有关方案和制度。二是各行政执法部门按国家相关法律法规规定对工业和养殖业Ⅰ类污染源在经营许可、环境保护、安全生产、消防安全、特许经营、劳动用工、用地性质、税收交纳、产品质量、卫生防疫等方面进行执法检查,登记造册并依法提出整治建议。三是对Ⅰ类工业污染源,由河段长单位和有关乡镇(街道)分别明确人员配合环保部门实行经常性蹲点,监控其违规排污行为。四是对城区北街农贸市场等 3 条小河沟及永嘉大桥等 2 处厢涵开展查源工作。

(三)集中综合整治重点污染源阶段(2010 年 2 月至 6 月底)

主要任务:一是在对工业和养殖业Ⅰ类污染源执法检查基础上,相关执法部门下达限期整改文书,各河段长单位牵头组织相关部门和有关乡镇(街道)督促整改,对整改达不到要求的由河段长组织督促有关执法部门依法严查严处、实施停业整顿,电力、水务部门对其实施停止供电、供水,符合关停条件的按程序报请区政府实施关停,若仍有违规排放甚至煽动闹事的,则交由公安机关依法予以打击。二是对全流域主、支流河道内及两岸污染杂物、漂浮(淤积)物等进行全面彻底打捞清理、收运并进行常态监管。三是建成来龙垃圾处理场渗液收集管网并接入璧城污水处理厂;对城区北街农贸市场等 3 条小河沟及永嘉大桥等 2 处厢涵实施处置,全面实现污水抽排并接入管网;启动老城区二、三级排污

管网排污普查和改造设计工作,启动有关乡镇(街道)污水处理设施工程项目立项、可行性研究报告、初步设计、施工设计方案的编制、报批工作。四是对工业和养殖业Ⅱ类污染源下达限期整改文书。五是对建筑单体工程生活污水处理设施建设情况进行清查、整治,将建筑单体工程生活污水处理设施工程质量纳入建筑工程质量监理和验收内容,建立相应监理和验收制度。六是对各违法违规排污单位和个体生产经营者新建、改扩建环保设施及市政环保设施建设工程进行综合验收。

(四)全面推进阶段(2010 年 7 月至 2011 年 12 月底)

主要任务:一是对 2010 年 6 月底前行文关停、取缔的不达标重点整治对象,组织开展综合执法,实施强制关停。二是巩固集中清漂、清淤成果,启动日常打捞、清除和保洁工作,建立长效机制。三是完成二、三级管网改造工作,完成有关乡镇(街道)污水处理设施立项、可行性研究报告、初步设计、施工设计方案的编制、报批和启动建设工作。四是对场镇(城区)生活污染源以及市场、餐饮、洗车等服务行业污染源中的一般整治对象进一步普查,督促业主提出整改方案,并报相关职能部门审批。

(五)整治工作职能职责划分

1. 河段督导长主要职责

对联系督导的河段治污工作进行组织指挥、协调统筹、督促检查,并承担联系河段治污工作的领导责任。河段督导长要带头组织调查摸底,指导制订河段治污方案,定期听取工作汇报,研究解决突出问题,掌握整治工作进展,及时整合各方力量,强力推进整治工作。

2. 河段长主要职责

对责任河段治污工作负直接责任,在河段督导长的领导、指导和有关部门、乡镇(街道)的配合、支持下,开展调查摸底工作,制订责任河段治污方案,负责组织协调有关部门开展执法工作,负责组织相关部门和有关乡镇(街道)督促污染源业主按要求整治达标,负责组织环保执法部门及有关乡镇(街道)对重点整治对象排污情况进行经常监控,负责督促、协调有关乡镇(街道)和单位做好所辖河道清漂、清淤及整治维稳等工作。

3. 河段义务监督员主要职责

对监督河段治污工作和排污行为进行义务监督,询问、了解情况,收集意见建议,并向河段督导长反映或向河段长及有关乡镇(街道)反馈。

按照属地原则,对辖区内各河段治污工作负总责,并与河段长单位捆绑纳入治污考核对象。具体负责辖区流域治理工作的宣传发动工作,对辖区内主、支流河道及两岸污染杂物、漂浮(淤积)物等进行全面彻底打捞、清除、收运并建立长效机制;负责整治对象关停后租用土地的复耕工作;在每个河段明确党政领导和相关人员,联系、配合河段长单位开展日常治污工作;组织力量配合调查摸底、执法检查、综合执法、维护稳定,参与督促污染源业主按要求整治达标;明确人员配合河段长单位和环保执法部门对重点污染源排污情况进行"一对一"监控。

三、万州区实施河长制的实践

万州区首推次级河流河长制促水质改善,包括苎溪河、五桥河、龙宝河、瀼渡河在内的多条河流得到监管,白色污染物、漂浮物、污水直排等通通纳入监管范围。

按照"属地管理、分级负责"原则,在区政府的统一领导下,河长制管理实行区、乡镇(街道)、村(社区)三级分工负责制,对应落实河长、河段长、巡河长工作责任制。河长由区政府相关领导担任;河段长由相关乡镇(街道)行政主要负责人担任;巡河长由相关村(社区)主要负责人担任。

河长负责主要次级河流水环境综合整治工作的组织领导和督察考核,协调解决相关困难和问题。

河段长负责组织实施主要次级河流本辖区河段水环境综合整治、巡查、监管和受委托执法,配合区级相关部门开展污染集中整治。

巡河长负责主要次级河流本辖区河段日常巡查和垃圾清扫保洁工作;组织落实企事业单位、居民小区、沿河餐饮服务业者"三包"责任;开展次级河流环境保护宣传,对乱排、乱倒等污染水环境不文明行为进行劝阻和制止。

四、长寿区实施河长制的实践

长寿区在对辖区内三条次级河流综合整治指挥部由区主要领导担任"指挥长",16名区级领导分别担任各片区督导长,由相关乡镇(街道)书记担任片区长,同时80个相关区级部门、平台公司等协同配合,形成"上下联动、左右协同、齐抓共管"的工作格局。

乡镇(街道)"片长制"包干整治:按照属地管理原则,各片区对片区内的三条次级河流及其支流进行包干整治。水污染整治过程充分整合和发挥各部门行政执法能力和公检法强力手段,重拳出击对生产经营性单位污染源进行整治,统筹资金对居民生活污染源和公共服务设施污染源进行治理。

乡镇(街道)河长制长效管理:第一步整治完成后,进一步深化长寿区次级河流综合整治河长制实施方案和考核细则,由乡镇(街道)主要领导担任河段长,按照属地管理原则,由相关乡镇(街道)因地制宜,制订方案,对辖区次级河流河段进行长效管理,确保水体水质长期稳定达标。

实行流域污染输入总量控制:制定三条次级河流流域保护和发展规划,划定生态功能区红线控制范围,按照流域水体污染承载能力对流域相关乡镇(街道)产业布局、产业规模进行科学定位,同时,对流域范围内排污口实行污染输入总量控制,实行"一票否决"考核,促进相关乡镇(街道)转变粗放型发展思路,加快产业结构调整,大力发展绿色GDP,推动流域经济社会和谐健康发展。

五、开州区实施河长制的实践

重庆市开州区把推进河长制作为当前一项重要工作,对乡镇(街道)按出入境断面、场镇进出口断面以及进入干流的支流入口断面三个层级进行断面设置,采取"四项措施"解决河道污染的突出问题,不断改善水生态环境。

一是源头找问题制方案。各乡镇(街道)成立专门的河长制班子,及时研究解决职责范围内的问题,落实精干力量认真履职,快速开展辖区内河道踏勘工作,摸清河道环境现状,制订可行的具体实施方案,找准影响水环境问题的症结所在,对症下药,将问题解决在萌芽状态。

二是重点解决突出问题。切实推进生活污水和生活垃圾处理设施建设、生活污水管网建设及整治、县乡集中式饮用水源保护、畜禽养殖关闭治理、农业污染和工业污染防治、生态屏障建设,充分发挥建成污水处理厂的运行效益,积极推进绿色河道和生态湿地建设,多渠道提高水体自净能力。

三是加大督察考核力度。采取每季度不确定考核时间、不确定考核人员、不发考核通知、乡镇(街道)不陪同的考核方式加大督察考核力度,丰水期每季度考核一次,枯水期每月考核一次,考核结果分流域进行排名,纳入对乡镇(街道)主要领导工作实绩考核,严格执行"一把手"责任制,对辖区河道水质恶化,工作履职不到位的,要追究乡镇(街道)党政"一把手"的责任。

四是加大生态宣传力度。通过各种媒体和形式加强生态环保宣传,增强广大群众的环保意识,提升文明素质,加强社会监督,进一步营造全社会关心、支持、保护水环境的良好氛围。

六、合川区实施河长制的实践

为全面贯彻落实党的十八大、十八届三中全会精神,加快推进合川水生态文明建设,按照重庆市水利局《关于开展中小河流水生态文明建设试点工作的通知》(渝水资源〔2015〕11号)要求,合川区水务局积极争取,经区政府主要领导亲自抓、多方积极努力,南溪河成功申报重庆首批中小河流水生态文明建设试点,试行河长制管理模式,在全流域开展水生态文明治理与修复,以点带面推动全区水生态文明城市建设。

以南溪河"水清、河畅、岸绿、生态"为总目标,河长对试点工作负总责,按照"以点带面、特色亮点、突出生态、统筹实施"的原则,组织制订试点河流水生态文明建设方案。采取生态修复与综合治理相结合方式,全面建立起流域水安全保障体系。建设节水型社会、优化水资源配置、实行最严格水资源"三条红线"管理制度、展现先进特色的水文化,构建健康优美的南溪河流域水生态与环境体系。初步构建起健康优美的水生态体系、完善的水安全体系、科学严格的水管理体系、先进特色的水文化体系,南溪河水生态文明建设的长效机制基本形成,区域水生态文明水平得到提升。

合川区委、区政府高度重视南溪河水生态文明建设试点工作,成立了南溪河生态文明建设领导小组,明确了以区长为河长,区分管领导为副河长,流经镇镇长为分段长,在区水务局设立南溪河水生态文明建设办公室,相关部门和乡镇(街道)各司其职、协同配合、主动作为、形成合同,共同推进南溪河水生态文明建设。区水务局聘请了技术支撑单位长江勘测规划设计研究有限责任公司已开展南溪河实地调研、现场评估、问题分析与资料收集等,于8月28日编制完成《重庆合川南溪河水生态文明建设试点实施方案(送审稿)》,9月2日区政府组织进行了方案评审,计划于2017年年底前完成方案送审,报市水利局积极争取项目资金,于2018年年初全面开展项目建设。

七、梁平区实施河长制的实践

近年来,受畜禽养殖、工业发展、城镇建设影响,加上相关环保治污措施未能及时跟上,梁平的"母亲河"——龙溪河曾一度低于Ⅴ类水质,河水氨氮、化学需氧量、总磷含量

超标,龙溪河流域生态环境遭到严重破坏。

2015年,梁平区将龙溪河生态治理列为全区重点工作,采取关闭重污染企业、整治搬迁养殖场、建设污水处理厂、实施流域生态修复等多项措施,对区内河流污染进行综合整治。

为保证整治任务有效推进,梁平区推行河长制,由区长任总河长,有关区领导为河长、副河长、河段督导长,有关部门和乡镇(街道)行政主要负责人为河段长,层层落实责任,形成区、镇、村三级河长体系。针对区域内7条主要河流及其支流,共设立35个水质考核断面,每月对断面水质进行抽样检测,并全区通报监测数据。根据监测数据及环保工作具体推进情况,每季度由环保局给各个河长、副河长寄一封信,分析其负责的相关河道治污情况,并给出下一步治污建议、措施。与此同时,该区还将水污染整治实效纳入半年和全年实绩考核,制定考核细则,对全年考核倒数后三名的河段,由河段长在全区生态文明建设大会上作检讨,并由区分管领导进行约谈。这一结果还将直接影响到领导干部的任用。

通过该制度的推行,云龙镇依托该区的有机肥厂,充分消化养殖粪污,并变废为宝,推动生态农业发展;明达镇设立环保村规民约,对生活垃圾采取"户分类、组保洁、村收集、镇转运"的处置方式,提高村民环保意识;梁平工业园区在总河长督促下,修建完善了园区内污水收集管网,目前,在梁平区各个乡镇都有相关的环保治污措施。

通过实施河长制,目前,梁平水污染整治工作"层层有人抓、有人管、有人落实、有人督促",形成了全区协力抓水污染整治的良好态势。

八、垫江县实施河长制的实践

为改善县内水生态环境,垫江县自2016年6月开始推行河长制,多部门联动,全面治理河流污染。流经垫江、梁平、长寿的龙溪河,是三地人民的母亲河,但近年来,受工业、畜禽养殖发展等影响,垫江县境内龙溪河水质一直处于Ⅴ类,水质较差。

为改善龙溪河流域生态环境,加强县内水生态保护,垫江县推行河长制。按照"一段一长、条块结合、分片包干"的管理责任体系,垫江县针对全县26个乡镇(街道)涉及的31条河、沟、溪,签订河长制管控责任书共31份,明确有关乡镇的责任河段和整治标准,以确保"治水"长效。

为保证治污效果,垫江县还制定了监测与预警制度,由县环保局定期开展次级河流水质监测,并将监测结果通报有关乡镇政府(街道办事处),对次级河流出现污染超标等造成水质反弹的,立即向有关乡镇政府(街道办事处)发出预警。此外,对于各牵头部门治污工作推进情况,则每季度进行一次全县通报,并将此作为各乡镇人民政府、街道办事处、县政府有关部门和单位党政"一把手"年度环保实绩考核的重要依据。

河长制实施半年来,垫江境内河流水质明显改善,龙溪河水质也已从Ⅴ类提升至Ⅳ类。下一步,各单位还将继续加强相关治理工作力度,力争在2017年年底前实现龙溪河水质稳定达到Ⅲ类。

第二节　重庆市实施河长制的主要内容

2017年3月16日,中共重庆市委办公厅、重庆市人民政府办公厅联合印发《中共重庆市委办公厅重庆市人民政府办公厅关于印发〈重庆市全面推行河长制工作方案〉的通知》(渝委办发〔2017〕11 号)。重庆市河长制工作方案的主要内容如下。

一、指导思想

全面贯彻党的十八大和十八届三中、四中、五中、六中全会精神,深入贯彻习近平总书记系列重要讲话精神和治国理政新理念新思想新战略,全面落实习近平总书记视察重庆重要讲话精神,统筹推进"五位一体"总体布局和协调推进"四个全面"战略布局,牢固树立和贯彻落实新发展理念,落实"把修复长江生态环境摆在压倒性位置""共抓大保护,不搞大开发"的指示精神,坚持节水优先、空间均衡、系统治理、两手发力,深化拓展五大功能区域发展战略,严守"五个决不能"底线,以保护水资源、管控水岸线、防治水污染、改善水环境、修复水生态、实现水安全为主要任务,在全市河库全面推行河长制,构建责任明确、协调有序、监管严格、保护有力的河库管理保护机制,为构筑长江上游重要生态屏障、维护全市河库健康生命、实现河库功能永续利用提供制度保障,使重庆成为山清水秀美丽之地。

二、基本原则

(1)坚持生态优先、绿色发展。牢固树立尊重自然、顺应自然、保护自然的理念,处理好河库管理保护与开发利用的关系,筑牢绿色发展本底,强化规划约束,坚持占补平衡,促进河库休养生息、维护河库生态功能。

(2)坚持党政领导、部门联动。建立健全以党政领导负责制为核心的责任体系,明确各级河长职责,完善部门联动机制,强化工作措施,协调各方力量,形成一级抓一级、层层抓落实的工作格局。

(3)坚持问题导向、标本兼治。立足不同地区不同河库实际,统筹上下游、左右岸、干支流、库内外,实行一河一策、一库一策,水体、陆域污染同时治理,解决好河库管理保护的突出问题。

(4)坚持强化监督、严格考核。依法治水管水,建立健全河库管理保护监督考核和责任追究制度,拓展公众参与渠道,营造全社会共同关心和保护河库的良好氛围。

三、主要目标

重庆市提出了"一个不低于,三个只增不减"的总体目标。即确保长江干流水质不低于来水水质,其他河流达到水功能区水质目标的河流长度只增不减;确保河道内生态基流只增不减,确保全市河库水域面积只增不减。到2020 年,重要河库生态安全得到保障,实现河畅、水清、坡绿、岸美。

四、组织体系

按照流域与区域结合的方式建立市、区县、乡镇(街道)、村(社区)四级河长体系。
(一)建立四级"河长体系"
全面建立市、区县、乡镇(街道)、村(社区)四级河长体系(见表7-1)。市级设总河

长、副总河长。市政府市长担任总河长,为全市河长制的第一责任人;市政府分管水利、环保工作的副市长担任副总河长,分别负责长江长寿区及以下19个区县、长寿区以上20个区县及两江新区河长制实施,并任长江、嘉陵江、乌江等三条市级主要河流河长。各河库所在区县、乡镇(街道)、村(社区)均分级分段设立河长,由同级负责同志担任,其中区县党委或政府主要负责同志为辖区河长制的第一责任人,负责辖区内河长制实施。

表7-1　重庆市市级河长体系

总河长			市政府市长	
副总河长	市级河流(段)	区县河段	区县段河长	联系区县(区域)
分管环保副市长	长江长寿区以上段(河长)	永川段	党委或政府主要负责同志	长江长寿区以上区域:渝中区、大渡口区、江北区、沙坪坝区、九龙坡区、南岸区、北碚区、渝北区、巴南区、江津区、合川区、永川区、南川区、綦江区、大足区、潼南区、铜梁区、荣昌区、万盛经开区
		江津段	党委或政府主要负责同志	
		九龙坡段	党委或政府主要负责同志	
		大渡口段	党委或政府主要负责同志	
		渝中段	党委或政府主要负责同志	
		江北段	党委或政府主要负责同志	
		南岸段	党委或政府主要负责同志	
		巴南段	党委或政府主要负责同志	
		渝北段	党委或政府主要负责同志	
		两江新区段	党工委或管委会负责同志	
	嘉陵江(河长)	合川段	党委或政府主要负责同志	
		北碚段	党委或政府主要负责同志	
		两江新区段	党工委或管委会负责同志	
		渝北段	党委或政府主要负责同志	
		沙坪坝段	党委或政府主要负责同志	
		江北段	党委或政府主要负责同志	
		渝中段	党委或政府主要负责同志	
分管水利副市长	长江长寿区以下段(河长)	长寿段	党委或政府主要负责同志	长江长寿区及以下区域:万州区、黔江区、涪陵区、长寿区、梁平区、开州区、城口县、丰都县、垫江县、武隆区、忠县、云阳县、奉节县、巫山县、巫溪县、石柱县、秀山县、酉阳县、彭水县
		涪陵段	党委或政府主要负责同志	
		丰都段	党委或政府主要负责同志	
		忠县段	党委或政府主要负责同志	
		石柱段	党委或政府主要负责同志	
		万州段	党委或政府主要负责同志	
		云阳段	党委或政府主要负责同志	
		奉节段	党委或政府主要负责同志	
		巫山段	党委或政府主要负责同志	
	乌江(河长)	酉阳段	党委或政府主要负责同志	
		彭水段	党委或政府主要负责同志	
		武隆段	党委或政府主要负责同志	
		涪陵段	党委或政府主要负责同志	

(二)关于"河长办公室"的设立要求

市、区县河长办公室设置在同级水行政主管部门。市河长办公室主任由市水利局主要负责同志担任。市水利局、市环保局、市委组织部、市委宣传部、市发展改革委、市财政局、市经济信息委、市教委、市城乡建委、市交委、市农委、市公安局、市监察局、市国土房管局、市规划局、市市政委、市卫生计生委、市审计局、市移民局、市林业局、团市委、重庆海事局等为河长制市级责任单位,各确定1名负责人为责任人、1名处级干部为联络人,联络人为市河长办公室组成人员,所确定人员相对固定(原则在一个考核年度以上),保持工作连续性。

(三)河长、市河长办公室及市级责任单位主要职责

1.河长主要职责

(1)总河长为全市推行河长制的第一责任人,负责全市河长制的组织领导、决策部署和考核监督,解决河长制推行及实施过程中的重大问题,领导河长办公室工作。

(2)副总河长协助总河长统筹协调督导考核河长制的落实推进;负责所辖河库及联系区县河长制实施工作,明晰联系区县管理责任,审定管护目标,协调解决实施过程中的重点和难点问题;督察相关部门、下级河长履行职责情况,考核目标任务完成情况。

(3)区县、乡镇(街道)河长负责辖区内河长制的组织领导和工作部署;负责组织领导相应河库的管理和保护工作,负责"一河一策"的制定和实施,包括水资源保护、水域岸线管理、水污染防治、水环境治理等,牵头组织对侵占河库、超标排污、非法采砂、破坏航道等突出问题依法进行清理整治,协调解决所辖河流重点和难点问题;对跨行政区域的河库明晰管理责任,协调上下游、左右岸、干支流、库内外实行联防联控;对相关部门和下一级河长履职情况进行督导,对目标任务完成情况进行考核,强化激励问责。

(4)村(社区)河长负责行政村(社区)内河库管理保护、日常巡查等具体工作,及时上报巡查信息,配合对侵占河库、超标排污、非法采砂、破坏航道等突出问题依法进行清理整治,协调解决行政村(社区)内河长制实施具体问题。

2.市河长办公室主要职责

承担河长制组织实施具体工作,制定河长制管理制度,承办市级河长会议,落实河长确定的事项;拟定并分解河长制年度目标任务,监督落实并组织考核,督办群众举报案件。

3.市级责任单位主要职责

(1)市水利局负责水资源管理保护、水功能区和跨界河流断面水质监测,推进节水型社会建设,组织水域岸线管理、河道采砂管理、水土流失治理。

(2)市环保局负责牵头实施水污染防治行动计划,组织拟订并监督实施重点区域、重点流域污染防治规划和环境保护专项规划,组织拟订水环境功能区划,负责乡镇生活污水设施建设。

(3)市委组织部负责将河长制考核结果作为评价和任用干部的重要依据。

(4)市委宣传部负责协调河长制宣传和舆论引导工作。

(5)市发展改革委负责将水资源保护等河长制实施的主要任务纳入重庆市经济社会发展战略、规划和年度计划、市级重点项目范围,并争取国家有关政策、资金支持。

(6)市财政局负责落实市级河长制相关工作经费,协调河库管护和整治所需资金。

(7)市经济信息委负责指导和督促工业企业(工业园区)落实水环境保护主体责任,指导工业企业节水减排,协调河库周边工业企业的产业结构调整。

（8）市教委负责指导和组织开展中小学生河库保护管理教育活动。

（9）市城乡建委负责城市污水管网的规划建设，督促指导区县推进实施乡镇污水管网建设，牵头推进海绵城市建设。

（10）市交委负责地方航道的保护和规划建设，监管和推进地方水域船舶污染整治，协助推动"一带一路"和长江经济带发展领导小组办公室开展非法码头整治。

（11）市农委牵头负责督导农业面源、畜禽养殖和水产养殖污染防治工作，依法依规查处破坏渔业资源的行为。

（12）市公安局负责协调指导、打击涉嫌水环境方面的犯罪行为。

（13）市监察局负责对有关部门推进河长制履责情况的监督执纪问责，对履责不到位或未正确履责的部门和责任人进行责任追究。

（14）市国土房管局负责配合对矿产资源开发整治过程中的地下水环境保护工作进行监督管理，负责协调河库治理项目用地保障、河库及水利工程管理范围和保护范围划界确权。

（15）市规划局负责将河库保护利用规划纳入城乡规划，在规划编制管理工作中执行生态保护红线和城市规划蓝线要求。

（16）市政委负责城市污水处理设施建设、监管和乡镇污水处理设施运营监管，城乡生活垃圾处理等设施建设，污水管网运行维护，监督管理责任区域内的垃圾处置、水域清漂等工作，对饮用水源保护区内的城市生活污水和垃圾进行综合整治。

（17）市卫生计生委负责监督指导医疗机构安全处置医疗废物和医疗废水，组织实施饮用水卫生监督和监测工作。

（18）市审计局负责将河长制实施情况纳入领导干部生态离任审计内容。

（19）市移民局负责争取国家三峡后续生态环境建设与保护类项目专项补助资金，指导推进三峡后续生态环保类建设项目实施，协调抓好三峡库区消落区生态修复工作。

（20）市林业局负责组织实施林业生态保护与建设，湿地保护管理，建设长江上游生态屏障，保护生物多样性。

（21）团市委负责组织开展河库保护志愿活动。

（22）重庆海事局负责对所管辖江域船舶污染防治实施监督管理，处理船舶污染投诉，对危险货物水路运输引发的突发水环境事件的预防和应急工作实施监督管理，在安全事故应急预案中纳入预防引发水环境污染事故相关内容。

市级有关部门、单位以及中央在渝机构各司其职，各负其责，协同配合，保障河长制实施。

五、主要任务

（一）加强水资源保护

（1）落实最严格水资源管理制度。强化各级政府责任，严格考核评估和监督。

（2）严守水资源开发利用控制红线。实施水资源消耗总量和强度双控行动，防止不合理新增取水，切实做到以水定需、量水而行、因水制宜。到 2020 年，全市用水总量控制在 97 亿 m³ 以内。

(3)严守用水效率控制红线。坚持节水优先,全面提高用水效率,生态脆弱地区要严格限制发展高耗水项目,加快实施农业、工业和城乡节水技术改造,坚决遏制用水浪费。到2020年,单位地区生产总值用水量和单位工业增加值用水量分别比2015年下降29%和30%,工业用水重复利用率达到70%以上,农田灌溉水有效利用系数提高到0.50。

(4)严守水功能区限制纳污红线。严格水功能区管理监督,根据水功能区划确定的河流水域纳污容量和限制排污总量,落实污染物达标排放要求,切实监管入河库排污口,严格控制入河库排污总量。到2020年,全市重要江河水功能区水质达标率达到80%以上。

(二)加强河库水域岸线管理保护

(1)夯实河库管理保护基础工作。开展河库调查,公布河库名录,依法划定河库管理范围,设立界碑。到2017年年底,完成流域面积50 km²及以上河流的重要河段岸线2.6万km划界。

(2)加强涉河建设项目管理。严格水域岸线等生态空间管控,确保区域内水域面积占补平衡。落实规划岸线功能分区管理要求,完善部门联合审查机制,严格执行涉及河道岸线保护和利用建设项目审查审批制度,切实强化岸线保护和节约集约利用。全市自然岸线保有率控制在80%以上。

(3)加强河道采砂管理。全面实施河道采砂规划,严格执行禁采区、禁采期规定,保障河势稳定。

(三)加强水污染防治

(1)落实《水污染防治行动计划》。明确河库水污染防治目标和任务,统筹水上、岸上污染防控与治理,完善入河库排污管控机制和考核体系。保障长江干流重庆段水质不低于上游地区来水水质。到2020年,流域面积500 km²以上的38条重点支流总体达到河流水环境功能类别要求。

(2)加强水污染综合防治。排查入河库污染源,严格治理工矿企业污染、城镇生活污染、畜禽养殖污染、水产养殖污染、农业面源污染。推进污水管网改造,优化入河库排污口布局,集中开展入河库排污口及污染源整治。全市工业企业实现全面达标排放。到2020年,全市城市生活污水集中处理率达到95%以上,乡镇生活污水集中处理率达到85%以上;畜禽规模养殖场粪污处理率达到85%以上,水产养殖重点区域废水达标排放率达到85%以上,化肥、农药施用量"零增长"。

(3)加强船舶港口污染防治。完善船舶垃圾污水专用船舶接收方式,启动船舶污染物港口收集设施建设,实现船舶污染物接收转运有效覆盖,确保船舶垃圾上岸集中处理。建立三峡水库消落区清漂保洁长效机制,加强消落区清漂保洁,降低入库污染负荷和水面漂浮物数量;积极推进嘉陵江、乌江等主要江河流域区县的清漂码头、清漂船舶、漂浮垃圾转运等基础设施建设,提高水域清漂作业效率。加强危化品船舶运输、冲洗及船舶、码头污水排放处置监督管理,确保船舶码头污水达标排放。

(四)加强水环境治理

(1)强化水环境质量目标管理。按照水(环境)功能区确定各类水体的水质保护目标,采取专项工程措施和非工程措施确保水(环境)功能区水质达标。到2020年,全市32

条河流42个国家考核断面达到或优于Ⅲ类优良水体的比例提高到95%以上,其他河流水质只能变好,不能变坏。

(2)切实保障饮用水水源安全。开展饮用水水源规范化建设,依法清理饮用水水源保护区内违法建筑和排污口。到2020年,城市集中式饮用水水源地水质达到或优于Ⅲ类比例总体高于93%,乡镇集中式饮用水水源地水质达到或优于Ⅲ类比例总体高于80%。

(3)加强河库水环境综合整治。推进水环境治理网格化建设,建立健全水环境风险评估排查、预警预报与响应机制。定期评估沿河库工业企业、工业集聚区环境和健康风险,落实防控措施;评估现有化学物质环境和健康风险,2017年年底前公布优先控制化学品名录,对高风险化学品生产、使用进行严格限制,并逐步替代。

(4)推进美丽乡村建设。以生活污水、生活垃圾处理为重点,综合整治农村水环境。2017年年底前建制乡镇、撤乡场镇全部建成生活污水处理设施;到2020年,农村生活污水处理受益农户覆盖面达到70%以上,生活垃圾进行处理的行政村比例提高到80%,沿河库乡村实现水清岸美。

(五)加强水生态修复

(1)推进河库生态修复和保护。禁止侵占自然河库、湿地等水源涵养空间。开展河库健康评估。强化山水林田库系统治理,加大江河源头区、水源涵养区、生态敏感区、水生生物自然保护区、水产种质资源保护区、南水北调水源区保护力度,对重要自然生态保护区实行更严格的保护制度。协调推进三峡库区生态屏障区及重要支流造林绿化建设和后期管护工作,加快库区生态保护带建设。

(2)恢复河库自然修复功能。在规划的基础上稳步实施退田还库还湿,加快推进河库连通工程,恢复河库水系的自然连通。加强水生生物资源养护,提高水生生物多样性。持续推进水利风景区建设。到2020年,湿地面积不低于310万亩。

(3)推进建立生态保护补偿机制。加强水土流失预防监督和综合整治,建设生态清洁型小流域,维护河库生态环境。科学制订水库、水电站调度运行方案,保证河流基本生态流量。完善水土保持的生态环境监测网络。到2020年,完成全市河库生态流量数据库建设,新增治理水土流失面积5 000 km²。

(4)推进海绵城市建设。加快推进国家级试点区域两江新区悦来新城和万州、璧山、秀山等3个市级试点区域海绵城市建设。鼓励有条件的区县及城市新区、各类园区、成片开发区先行启动海绵城市建设。到2020年,4个试点区县(区域)城市建成区30%以上、非试点区县城市建成区20%以上的面积达到海绵城市建设目标要求,初步形成完善的城市生态保护、低影响开发雨水设施、排水防涝及初期雨水污染治理等"四大体系"。

(六)加强执法监管

(1)完善河库管理保护机制。建立健全地方性法规和政府规章,加大河库管理保护监管力度,建立健全部门联合执法机制,明晰河库综合管理执法体制,完善行政执法与刑事司法衔接机制。

(2)实行河库动态监管。建立河库日常监管巡查制度,建设视频监控系统,落实河库管理保护执法监管责任主体、人员、设备和经费。

(3)严厉打击涉河库违法行为。建设河道管理保护执法码头。坚决查处违法建房、违法码头、违法采砂、违法排污、违法养殖、非法捕捞、违法耕种、违法侵占水域岸线等涉河违法活动,恢复河库水域岸线生态功能,确保行洪畅通和人民生命财产安全。

结合重庆市实际情况,提出了具体的时间节点:2017年3月底前,成立市、区县级河长办公室,确定河长制实施范围河库分级名录,全面推行河长制;4月底前,各区县完成河长制工作方案编制,经区县党政联合审批后报市河长办公室备案;6月底前,全市各级河长制全面落实到位;10月底前,完成对区县建立河长制的验收;12月底前,市级负责建设完成省(市)界、区县界河流断面河道管理保护监测网络,各区县负责建设完成乡镇界河流断面河道管理保护监测网络。

六、保障措施

(一)加强组织领导

各区县党委、政府是河库管理保护的责任主体,要把推行河长制、保护河库健康作为当前推动生态文明建设的重要内容,加强领导,明确责任,狠抓落实,按照进度安排抓紧制订本区域推行河长制工作方案。同时要发挥人大监督和政协参政议政的重要作用,形成河库管理和保护的合力。

(二)健全工作机制

建立河长会议制度,总河长、副总河长半年召开一次河长会议,每年召开一次总结大会,协调解决推行河长制工作中的重大问题。建立河长制考核问责制度,明确考核对象、考核内容和考核结果运用等问题。建立完善部门联动机制,形成部门之间齐抓共管、协作配合的河长制工作格局。建立信息共享与发布制度,责任单位之间信息资源、监测成果等实现共享,定期通报河库管理保护情况。建立工作督察制度,对河长制实施情况和河长履职情况进行督察。建立验收制度,按照工作方案确定的时间节点及时对建立河长制进行验收。

(三)强化考核问责

市级对流域面积50 km²及以上的510条河流落实河长制情况进行考核,将河长制工作纳入区县党政经济社会发展实绩考核和市级党政机关目标管理绩效考核。根据不同河库存在的主要问题,实行差异化绩效考核,结果纳入领导干部自然资源资产离任审计。区县级及以上河长负责组织对下一级河长进行考核,考核结果作为党政领导干部综合考核评价的重要依据。实行生态环境损害责任终身追究制,对造成生态环境损害的,严格按照有关规定追究责任。

(四)提升管理手段

建立以政府监管、社会监督、技术监测为核心的全市河库管理保护监测网络体系及信息化管理平台,整合水利、环保等部门现有水质监测站点,充分利用现有水利、环保、农业、航道、林业、水警等部门信息,实现信息共享,以全市电子地图为基础,采用虚拟技术和计算机技术,全面提升河库管理保护信息化管理水平。实现跨界断面水质水量水面监测数据报送、工作即时通信、河长工作平台、巡河信息管理、责任落实督办、投诉处理追查、危机事件处理、监督考核评价等功能。提供公众手机客户端,实现事件上报、信息获取、互动参与、公众监督等功能。

（五）落实资金保障

整合水库建设整治、中小河流治理、水土保持、水生态保护与修复、水环境治理、城市建设、农林等各级财政投入资金。建立长效、稳定的河库管理保护投入机制，已纳入"十三五"各专项规划涉及河长制的项目资金优先安排，通过政府购买社会服务方式重点保障水质监测、信息平台建设、河库划界等工作。各级财政要将河库巡查保洁、堤防工程日常管养经费纳入财政预算，加大对城乡水环境整治、水污染治理、生态保护修复等突出问题整治项目资金投入，将污水管网建设、海绵城市建设等项目纳入财政优先安排。积极探索引导社会资金参与河库环境保护、治理和使用。

（六）加强社会监督

建立河库管理保护信息发布平台，通过主要媒体向社会公告河长名单。在河库岸边显著位置竖立河长公示牌，标明河长职责、河库概况、管护目标、监督电话等内容，接受社会监督。聘请社会监督员对河库管理保护效果进行监督和评价。进一步做好宣传舆论引导，建立群众有奖举报制度，积极营造社会各界和人民群众共同关心、支持、参与和监督河库管理保护的良好氛围，提高全社会对河库管理保护工作的责任意识和参与意识。

七、存在的问题

调研发现，由于重庆河库管理任务重，前期基础相对薄弱，在推行河长制的过程中存在一些困难和问题，总结如下：

（1）部分地方河段，河长制落实不够到位。从河长工作实际来看，工作布置下去后，有少部分河长并没有真正下去巡河，个别河长甚至对自己的河流情况不是很了解，污染状况不是很清楚，治理情形不是很明白，或者过于关注眼前利益，没有将河长制工作长期实施。

（2）考核与问责过程存在困难。《水污染防治法》规定了"国家实行水环境保护目标责任和考核评价制度，将水环境保护目标完成情况作为对地方政府及其负责人考核评价的内容"，但是目前缺少一个详细的统一的考核标准。同时，河长制问责的依据有待进一步明晰，河长们和具体执行管理部门间仍存在职责不清、权限不明、多头领导的现象，遇到问题时出现互相推诿、推卸责任的情况，以致问责的效力会大大减弱。

（3）公众参与度不够。河长制工作实施过程中，有的地方忽视了公众参与的作用，仅仅是职能部门在做工作。在治理河流污染的过程中，如果看不见公众的身影、听不到公众和社会真实的声音，会严重影响河长制的推行效果。

（4）科技创新的应用不足。国家推行河长制的根本目的是保护水生态、水环境。在推行河长制的过程中，主要涉及管理和技术两个层面的内容。管理方面需要创新体制、机制，整合力量，发挥潜力；技术方面是指在水污染治理、水生态修复等方面理论研究和技术开发有待加强。

第八章 结论与建议

水环境综合整治本就是一项复杂的系统性工程,上升至流域层面,往往因跨区域、跨部门、多层级、跨时间等问题而更显复杂和艰难。长期以来,我国流域管理体制的碎片化特征严重阻碍了流域治理的开展和综合效果的实现,其主要体现在流域上下游各行政区之间权责利边界模糊,行政区内部水资源管理和水污染防治分离等。正是这一体制缺陷,一度导致乱占乱建、乱排乱倒、乱采砂、乱截流等问题频现,严重危及河流水生态健康及流域生态环境。

从河流水质改善领导督办制、环境保护问责制衍生而来的河长制,由各级党政主要负责人担任河(段)长负责辖区内河流治理,承担包括加强水资源保护、加强河湖水域岸线管理保护、加强水污染防治、加强水环境治理、加强水生态修复、加强执法监管在内的主要任务,将那些权属不清、分界不明显的流域及沿岸环境保护治理分片划入所属地方,明确责任到人,纳入政绩考核,有利于最大限度地发挥行政权力,实现各种资源的整合和调配,进而提高流域水环境治理的行政效率。作为具有中国特色流域治理机制改革的探索性实践,河长制对于提高我国流域生态环境治理体系和治理能力现代化具有重要意义。

一、我国推行河长制过程中遇到的问题

由于我国水域环境的复杂性、地方经济社会的发展不平衡,在河长制推行的过程中,存在如下问题:

(1)部分地方河段,河长制落实不够到位。从河长工作实际来看,工作布置下去后,有少部分河长并没有真正下去巡河,个别河长甚至对自己的河流情况不是很了解,污染状况不是很清楚,治理情形不是很明白,或者过于关注眼前利益,没有将河长制工作长期实施。

(2)考核与问责过程存在困难。《水污染防治法》规定了"国家实行水环境保护目标责任和考核评价制度,将水环境保护目标完成情况作为对地方政府及其负责人考核评价的内容",但是目前缺少一个详细的统一的考核标准。同时,河长制问责的依据有待进一步明晰,河长们和具体执行管理部门间仍存在职责不清、权限不明、多头领导的现象,遇到问题时出现互相推诿、推卸责任的情况,以致问责的效力会大大减弱。

(3)公众参与度不够。河长制工作实施过程中,有的地方忽视了公众参与的作用,仅仅是职能部门在做工作。在治理河流污染的过程中,如果看不见公众的身影、听不到公众和社会真实的声音,会严重影响河长制的推行效果。

(4)科技创新的应用不足。国家推行河长制的根本目的是保护水生态、水环境。在推行河长制的过程中,主要涉及管理和技术两个层面的内容。管理方面需要创新体制、机

制,整合力量,发挥潜力;技术方面是指在水污染治理、水生态修复等方面理论研究和技术开发有待加强。

二、对我国全面推行河长制的建议

我国正在全面实施的河长制工作,是实现区域水资源保护、水域岸线管理、水污染防治、水环境治理等工作的重要途径。为更好地促进我国河长制工作的推进,在深入调研的基础上,总结先进省(市)的成功经验,结合我国的实际情况,提出以下几点建议:

(1)切实转变发展观念。习近平总书记强调:"像保护眼睛一样保护生态环境,像对待生命一样对待生态环境。"河长制的根本目的是营造人与自然和谐发展的环境条件,这就要求各地切实转变发展观念,树立人与自然和谐相处的理念,在发展的过程中一定要坚持生态保护优先,扎扎实实推进生态环境保护。

莱茵河的治理历程告诫我们,侥幸思想解决不了问题,反而可能引起更严重的环境问题。19世纪中期,在现代自然科学和工业革命的助力下,莱茵河沿岸国家的人们逐渐抛弃了对自然的崇拜和敬畏,转为走向征服自然的道路,当时大多数人相信工业化是万能的,技术发明可以解决一切问题,可以无限增加社会财富,这种经济发展优先的观念在创造经济快速发展的同时,也导致莱茵河污染日益加剧。到20世纪中期,一些沿岸国家的人民意识到莱茵河环境破坏已经到了触目惊心的程度,开始呼吁保护莱茵河,在这种背景下成立了ICPR。ICPR成立后,采取了一些减排措施,但是当时社会的主流思想仍然是经济增长和就业优先,在经济发展与环境保护之间,人们再次选择了前者,直到1986年桑多兹事件的爆发,使人们意识到靠破坏环境换取经济发展的道路走不通,开始放下征服自然的姿态,考虑如何与自然友好共存,同时采取多种有力措施进行污染治理,最终让莱茵河得以恢复昔日勃勃生机。目前我国大力推行河长制,根本目的是营造人与自然和谐发展的环境条件,这就要求各地要转变发展观念,树立人与自然和谐相处的理念。中华民族源远流长的传统文化精髓里面,就包含着人与自然和谐相处的发展理念,"杀鸡取卵""竭泽而渔"等寓言故事都在告诫人们要走和谐、可持续的发展道路。然而一些地方在发展过程中,仍然抱有侥幸心理,以经济发展为优先原则,对包括水环境在内的环境保护意识不强、投入不够,这种观念是很危险的,在全面推行河长制的过程中,必须首先转变观念,牢固树立人与自然和谐发展的理念,真抓实干,才能真正实现河湖水环境的彻底改观。

(2)完善河长制体制机制,实施精细化管理。依托"河长办公室"平台,完善管理体制机制,做到职责明确。如江苏省徐州市出台了河道管理《质量标准》《考核办法》《河道巡查问题处理整改程序》等多个文件,对河道管理工作职责、标准、流程,巡查考核内容、巡查频率、巡查结果利用及整改落实,提出了具体要求,提高了河道管理的规范性。北京市制定了河长制会议制度、河长制巡查制度、河长制督导检查制度、河长制信息共享和报送制度,通过制度的完善和先进科技手段的应用,提高了河长制精细化管理水平。

(3)创新问题发现机制和处理机制。由于水的流动性和水资源的循环性,决定了河长制是一项长期的工作,因此要求各地首先对区域内的水系进行摸底排查,建立详细档案。各地河湖水情不同,发展水平不一,河湖保护面临的突出问题也不尽相同,必须坚持问题导向,因地制宜、因河施策,着力解决河湖管理保护的难点、热点和重点问题。对生态良好的河湖,要突出预防和保护措施,特别要加大江河源头区、水源涵养区、生态敏感区和饮用水水源地的保护力度;对水污染严重、水生态恶化的河湖,要强化水功能区管理,加强水污染治理、节水减排、生态保护与修复等。对城市河湖,要处理好开发利用与生态保护的关系,划定河湖管理保护范围,加大黑臭水体治理力度,着力维护城市水系完整性和生态良好;对农村河湖,要加强清淤疏浚、环境整治和水系连通,狠抓生活污水和生活垃圾处理,保护和恢复河湖的生态功能。根据不同水体现状,制定切合实际的、具有针对性的"一河一库"保护或修复方案。通过重点督察、交叉检查、媒体监督、群众监督等多种方式发现问题,跟踪问题,定期解决问题,并将相关信息向社会公众通报。如杭州市建立了重点水环境问题清单和销号制度。

(4)创新监管机制。如杭州市开发了河长制信息管理平台及 APP,积极构建集信息公开、公众互动、社会评价、河长办公、业务培训、工作交流等"六位一体"的水环境社会共治新模式。实现了河长制信息阳光化、河道水质监测公开化、联系河长便捷化、河长履职透明化、社会监督精准化。从问题推进治理,推动了科学治水、区域联动治水。

(5)完善河长制考核制度。将河长制纳入干部考核体系,是顺利推进河长制的重大举措,具有重要的导向作用和激励约束作用。要把河道治理落实到领导干部头上,一级抓一级,压实主体责任,层层落实,定期督察、研判治理成效,确保原来的"脏乱差"河道得到切实改善,水质明显提升,生态明显修复,用数据用效果说话;要把考核结果作为领导干部综合考核评价的一个重要依据,促使领导干部主动作为,真正实现"河长制、河长治"的良好局面。如《北京市河长制考核办法》,确定了河长制考核对象、考核内容、考核方式,每年按照当年工作重点出台河长制工作考核方案和评分标准。

(6)创新社会联动机制,推动公众参与。人民群众对河库保护与改善情况最有发言权,要通过河库管理保护信息发布平台、河长公示牌、社会媒体、社会监督员等多种方式,主动接受社会和公众监督;加大新闻宣传和舆论引导力度,提高社会公众对河库保护工作的责任意识和参与意识,营造全社会关爱河库、珍惜河库、保护河库的浓厚氛围。如太湖局通过组织开展系列宣传报道,举办河长制知识竞赛、大学生暑期社会实践、志愿者公益服务等活动,引导公众参与。杭州市通过召开"政企民"联动大会、人大政协助力治水、企业参与治水、民间聚力治水等多种活动,起到了较好的治理效果。

(7)积极调整产业结构。河长制要求各地实施产业转型升级,在众多的水生态问题中,最突出的是污染问题,实质是发展方式和产业结构的问题。实现河湖环境的有效改善,要求各级政府在推动产业发展过程中加快产业结构调整,淘汰落后产能,推进企业转型升级。如德国的鲁尔工业区,曾经是欧洲工业的引擎,面对越来越严格的环保要求,世界上最大、最现代化的煤矿埃森煤矿被迫转型,2001 年,埃森煤矿成为世界文化遗产,商业和服务业日益繁荣,为减少向莱茵河的污染排放做出了重大贡献。

(8)加强基层工作人员业务培训。河长制是一项新的工作,包括管理学、生态学、经济学等多个学科的专业知识,而重庆市的河长制体系中,包含数量众多的乡镇、村(社区)级河长,基础河长在专业知识方面十分欠缺,因此要加强对基层河长的业务培训,提高基层河长的业务水平和能力。

(9)加强相关基础理论研究和应用技术的创新与应用。在推行河长制的过程中,主要涉及管理和技术两个层面的内容。管理方面需要创新体制、机制,制订精细化管理方案,整合力量,发挥潜力;技术方面要在水污染治理、水生态修复等方面加强理论研究和技术开发,如针对污水处理厂工艺改进、农业面源污染的有效拦截、污染水体的生态修复与治理等进行研究,解决技术层面上的瓶颈。

参 考 文 献

[1] 蔡树伯.天津市南部四区河长制实施效果分析[J].现代农业科技,2016(11):223-224.

[2] 曹滢.如何把"河长制"落到实处[J].中国生态文明,2016(6):87.

[3] 常纪文.河长制的法律基础和实践问题[J].水利建设与管理,2017(3):1-2.

[4] 陈雷.全面推行河长制 努力开创河湖管理新局面[J].河北水利,2016(12):5-7.

[5] 陈雷.同心合力谱写治水兴水新篇章[J].水利建设与管理,2017(1):1.

[6] 陈天力.重创新推动社会共治,抓落实释放制定红利[J].中国环境监察,2017(1-2):44-47.

[7] 邓淑珍,马颖卓,陈锐,等.举全局之力推动流域片率先建立科学规范的河长制体系[J].中国水利,2017(7):1-3.

[8] 董建良,袁晓峰.江西河湖保护管理实施"河长制"的探讨[J].中国水利,2016(14):20-22.

[9] 古斯塔夫·波夏尔特.莱茵河流域的国际合作和污染控制[J].中国机构改革与管理,2016(12):34-37.

[10] 何家伟.简析昆明市滇池流域水环境治理及河道实施"河长制"的启示[J].资源节约与环保,2017(3):81-82.

[11] 洪宇.国际跨界水环境管理经验探析——以莱茵河为例[J].科技情报开发与经济,2008,18(26):74-76.

[12] 后立升,许学工.密西西比河流域治理的措施及启示[J].人民黄河,2001,23(1):39-41.

[13] 胡苏萍.莱茵河警报模型的开发与应用[J].水资源保护,2009,25(3):85-88.

[14] 胡文俊,张霁巍,张长春.多瑙河流域国际合作实践与启示[J].长江流域资源与环境,2010,19(7):739-745.

[15] 贾绍凤.决战水治理:从"水十条"到"河长制"[J].中国经济报告,2017(1):36-38.

[16] 荆春燕,黄蕾,曲常胜.跨界流域环境管理与预警——欧洲经验与启示[J].环境监控与预警,2011,3(1):8-11.

[17] 雷剑锋.大湄公河合作开发与综合治理[J].2014,22(8):53-64.

[18] 李成艾,孟祥霞.水环境治理模式创新向长效机制演化的路径研究——基于"河长制"的思考[J].城市环境与城市生态,2015,28(6):34-38.

[19] 李嘉琳,黄锦林,胡雁.广东省山区五市中小河流"河长制"治理实践与启示[J].广东水利水电,2016(12):59-62.

[20] 李嘉琳.河长制:一种破解中国水治理困局的制度评析[J].广东水利水电,2017(2):11-14.

[21] 刘敬奇.细说北京"河长制"[J].环境教育,2017(5):29-30.

[22] 刘贤春,王保群,刘军.河长制在肥西的实践[J].环境教育,2017(5):37-39.

[23] 刘元沛,盛东,胡春艳,等.基于"河长制"的湘江流域综合管理模式应用探讨[J].湖南水利水电,2016(1):88-90.

[24] 刘长兴.广东省河长制的实践经验与法制思考[J].环境保护,2017(9):34-37.

[25] 龙悦宁.湄公河环境保护国际合作问题研究[J].价值工程,2014(7):325-328.

[26] 邱照景,周律,程珣,等.基于生产优化调度的污染源头控制方案研究[J].环境工程学报,2016,10(2):1010-1016.

［27］石忠伟.烟台推行河长制管理的主要做法及建议［J］.中国水利,2017(4):40-42.

［28］苏丹,唐大元,刘兰岚,等.水环境污染源解析研究进展［J］.2009,18(2):749-755.

［29］孙博文,李雪松.国外江河流域协调机制及对我国发展的启示［J］.区域经济评论,2015(2):156-160.

［30］田丰.论美国州际河流污染的合作治理模式［J］.武汉科技大学学报:社会科学版,2013,15(4):430-441.

［31］屠酥,胡德坤.澜湄水资源合作:矛盾与解决路径［J］.国际问题研究,2016(3):51-63.

［32］王庆忠.国际河流水资源治理及成效:湄公河与莱茵河的比较研究［J］.安徽广播电视大学学报,2017(1):9-13.

［33］王同生.莱茵河的水资源保护和流域治理［J］.水资源保护,2002(4):60-62.

［34］魏山忠.准确定位主动作为 加快推进长江流域片全面推行河长制［J］.水利发展研究,2017(5):1-4.

［35］熊春茂,张笑天,李先耀,等.湖北打造湖长制升级版的实践与思考［J］.中国水利,2017(10):6-9.

［36］徐国冲,何包钢,李富贵.多瑙河治理历史与经验探索［J］.国外理论动态,2016(12):123-128.

［37］严华东,张可,丰景春.国际河流联合监测机制及其对我国的启示［J］.水利水电科技进展,2015,35(3):19-24.

［38］臧其超,徐斌.徐州市区河道的河长制管理措施与经验［J］.中国水利,2017(4):43-44.

［39］张成林.六大环境"叠加" 海南出彩可期［N］.海南日报,2017-02-22.

［40］张静雯.从"河长制"到"河长治"的福建经验［N］.福建日报,2017-02-27.

［41］张晔丹.赤水河遵义段环境保护的现状及对策［J］.绿色科技,2015(10):100-101.

［42］赵光君.续写"五水共治"走在前列新篇章［J］.政策瞭望,2016(4):15-16.

［43］郑文芝.实施"河长制"要在长效机制上下功夫［J］.环境保护与循环经济,2016,36(9):1.

［44］周刚炎.莱茵河流域管理的经验和启示［J］.水利水电快报,2007,28(5):28-31.

［45］朱智翔,晏利扬.浙江"河长制"治出一方清澈［J］.环境教育,2017(5):21-24.